Decoration Diary

DECORATION DIARY

三美女私家装修日记

小小唐 椰蓉球 钱小白 著

中国旅游出版社

目录

C O N T E N T S

我 们 美 丽 舒 适 的 家

OUR BEAUTIFUL AND
COMFORTABLE HOME

椰蓉球

钱小白

小小唐

[1] 验收房屋、量房，对自己的房子做到心中大体有数

[2] 确定风格，初步考察市场并作出粗略预算，建立感性认识

[3] 选择施工队、考察工地、签订装修合同

[4] 到物业办理相关手续

[5] 拆旧（新房就可以免去这个步骤了）

[6] 墙体拆改、新建墙体

[7] 水电改造

[8] 瓦工阶段（贴瓷砖、换防盗门、窗户）

[9] 木工阶段（木工活计、贴石膏线、补门头也在此阶段）

[10] 油工阶段（处理墙面、刷漆或贴壁纸）

[11] 铺地板

[12] 装门

[13] 后期安装（橱柜、五金、洁具等，有加工周期的提前定制好，窗帘杆装好，窗帘先不挂）

[14] 开荒保洁

[15] 家具进场

[16] 布艺软装

an

装修的基本顺序

私家指点

前　期　准　备

PREPARATION

1 » 确定风格，
想好家是什么样的

椰蓉球

　　这自然是见仁见智的事情，但是，我殷切希望大家看到这里时不要跳过去！！！一生能体验几次装修？难道还不应该追求一点美观、一点个性？家庭的主人，特别是女主人，更应该在这个方面充分发挥你的聪明才智！拒绝千房一面，拒绝丑陋的装修！

　　欧式、古典、中式、地中海式、简约式……风格真的多种多样，把握好原则——挑选自己喜欢的就好。多多看图、多多思考、多多讨论，小心谨慎地搭配，一定会让你的居室更美、更舒适。

　　更多时候，所谓风格的把握，其实只需要一两件单品，或者稍微用些心思就可能达到，并不需要大量的资金，只需要你聪明的脑袋。

　　以我的家为实例，定位为"简欧"，因此我在色彩、材质、元素三个方面重点把握。色彩以棕色、米色系为主，加绿色、白色点缀；材质以木、石、铁艺为主；元素，则倾心于藤蔓花纹、镜子等。

　　家装风格确定后，下面这些重要的问题就会同时有了答案，比如：

　　——用地板还是地砖？

——家具的大致颜色和样式？

——橱柜的材质和样式，是普通平面的、亮面的还是凸凹的？

——墙面材料是壁纸还是涂料，或是其他的什么？颜色又是什么？

这些问题确定后，才能开始下一步的工作。

钱小白

被问到风格，很多朋友都是一副茫然的样子，有人说：四白落地就好；有人说：赶紧装完就好，风格嘛，咱家没啥风格。说实话，我不觉得是你没风格，而是你根本没花时间去想自己喜欢什么。而大多数人的状态是，马上要拿钥匙了，或是钥匙到手N天了，马上要涉及装修的事儿了才急急火火地找装修队，这种情况下，我敢肯定，你就是有风格也没时间了。

装修这事儿，想跟大家说的是，如果想装修，一定要早早计划。说提前半年，可能很多人觉得不可思议，但事实上，装修很顺利且很满意的朋友大多是提前了很长时间，我家是提前了半年，还有提前一年的呢，呵呵。

在提前的这段时间里，最重要的就是幻想。你也许会说，幻想啥啊，房子还没到手呢。此时你可以想一想自己曾经梦寐以求的家是什

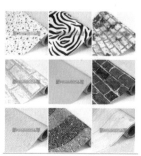

我们的美丽家

前期准备

采购方式

预算

装修前期

装修中期

装修后期

装修后笔记

后记

么样子的。可能是梦想有个属于自己的书房，但是现在这个房子达不到要求，那能不能想办法在现有的条件下挤出一小块？又或者，你一直梦想有个小花园，但现在这房子没有，那能不能从阳台下手，好好改造一下，就算连阳台都没有，飘窗或是落地窗总有吧，或者来个室内花园小景也不错。只要想，没有办不成的，知难而上，你肯定会比别人装修得精彩。

幻想完了，就该落到实处了。去图书大厦室内设计的区域，去找那些设计书籍，别管是时尚杂志的，还是大师手笔的，全部搬出来看，反正图书大厦没人轰你。看上一整天，如果有自己喜欢的设计，可以在自己的本子上画出来，或者用手机拍下来，如果这一整本你觉得都很喜欢和有参考价值，那就值得买回家，细细研读一把了。可能看了几十本，就买一本，但也算是很有成绩。

看设计类的书籍不用看太专业的，看实景图就可以，从图片里，很容易让我们这样没有专业背景，但是却对家充满热爱的人抓住属于自己的那些灵感。别说自己没这方面的细胞，对于家，我们要比对工作更有耐心。

小小唐

可以先上网找很多相关风格的图片，以我实际的家为例，我最先淘汰了纯欧式和纯中式，这两种风格对空间的要求太高，换句话说，

餧我适们的美丽家丽

前期准备

采购方式

预算

装修前期

装修中期

装修后期

装修后笔记

后记

非要大房子才行，特别是层高要高，低于 3 米的房子我感觉做这两种风格都太压抑了。我的房子是小公寓，不太适合。况且纯粹的、古典的欧式有很多雕花、曲线甚至罗马柱，太过繁复，不是很喜欢；纯中式倒是很美，也可以做得很简约，但是感觉又有些死板沉重，缺乏生气，于是也放弃；田园风格个人很喜欢，但是纯粹的田园太过女性化，老公又不太接受；地中海呢，我也很喜欢，不过这种喜欢更多的是从欣赏的角度出发；纯粹的现代风格，又似乎太硬朗了，特别是那种金属感效果的，太冰冷。这些都淘汰了，哎呀，就剩混搭了。

混搭，也不容易搭呀！首先是什么风格跟什么风格搭？其次是怎么搭？搭出来的效果究竟如何？太多的问题摆在眼前，我竟一时迷失了方向。

最终我意识到家最重要的，该是主人的味道。

风格，只是外在的、表浅的。

想透了这一层，我忽然对自己的家明朗了，我只要找到属于自己的家的味道就行了。可我想要的味道又是什么呢？

某天下午，看了一本书《听南怀谨讲禅》，读着读着就入迷了。这让我想起了上大学的时候，有一门课我很喜欢，《中外文化交流史》，白头发的老先生忘我地讲着一段又一段的故事，也讲到了佛和禅：当年，佛祖在灵山法会上拈花示众，弟子皆无言，唯大弟子迦叶破颜微笑，这就是拈花微笑的故事。

但我想要的"禅"该是什么样呢？我一直苦于没有成型的想法，直到某天看到了某本家居杂志的配图。

我一下子被点透了，我确定，我的家该是这样的：清新、淡然、安静、温暖，最重要的是要有我和家人生活的味道。风格，不重要，随自己喜欢就好了。于是，我如释重负。

我的家，没有风格，如果有，那就算是"随意混搭"吧。

2 逛市场

知识点石窍门

- 逛市场不怕"早"
- 逛市场的过程中进一步确定家装风格和用料

你可能会觉得，我的房子还没影，就逛市场是不是太早了，而且市场上的销售总是会问，你是哪个小区啊？你要说房子没交，人家该不答理你了。其实这个担心完全没必要。初次逛市场，我反而得嘱咐你，只看，不要下任何订单。再喜欢也要忍住，记好商场摊位号、品牌名称就好。

我家的风格其实就是通过逛市场，再结合一些家装图碰撞出来的。一开始，我跟我家领导的风格追求不大一样。我家领导喜欢现代简约，而我喜欢温馨的田园风。但我们俩倒没急得吵起来，毕竟房子没到手呢。于是俩人就开始逛市场，逛来逛去，他渐渐地不那么坚持简约，而我对纯粹的田园也不那么执著了。后来在看到地中海设计风格后，我们同时决定，我们家的主风格就是地中海了。因为我们都爱海，每年夏天都会去几次海边，海总给人一种包容的感觉，而海边明媚的阳光也总是让人难忘。以"海"为主题的家，才是我们向往的家园。

逛市场一定不要把自己搞得太累，可以利用每个周末的其中一天，就当做郊游一样的心情去完成（因为建材市场总是要走很远的路程）。就像我们曾经去过香河家具城，虽然什么都没买，却逛了一整天，坐家具城的班车，很方便，至今都让我们觉得是很有意思的一次行程。先别急于把市场逛完，逛多少算多少，也别有什么主题，就是一种逛的心态。到这家的沙发上感受感受，到那家的田园妆台前照照镜

三美女 私家装修日记 16

子，我想除了要装修，平时也不大会有这么闲暇的时间去逛家具城了。一边逛，一边和家人讨论，在这个过程中，你们常常可能会有很多灵感的小火花，记下来，就算用不上，以后也有实现的可能。

所以，逛市场这个环节是必需的，尤其是什么都不懂的时候更要逛，因为你在逛的同时会问些很幼稚和初级的问题，而导购就是你最好的老师，逛完几个市场下来，你会发现，自己对于装修不再那么无知了。

3 2 装修队选择以及考察该装修队工地的要点

除了大装修公司和马路游击队之外，现在还有第三种装修队模式：靠网络生存的装修队和装修公司。他们利用网络发展，成本小，所以报价一般都比大公司要低。因为靠网络生存，所以均注重口碑，品质多佳。

在此我们只是推荐这种方式，并不是在具体推荐某一个装修队，选择这种装修队的理由如下：

- 他们靠网络和口碑生存，所以更在意网络监督的力量和自己的口碑。
- 可以靠网络完成很多工作，比如报价出来了，发上来让大家看看，对施工工艺有疑虑，上来咨询咨询。
- 感觉不那么"弱势"，就算你真的不讲理，把我逼急了我可以上来吐苦水，这是一种很有用的宣泄方式，找大公司难免会有"有苦无处诉、诉了也没人理"的尴尬。
- 装修队基本都接受水电外包的做法了。水电是个大利润点，大的装修公司是不同意外包的，勉强同意的，也会因为你的做法大大降低了他们的利润而导致合作不愉快，甚至暗地里做些小手脚。
- 报价一般还算合理，不那么高，和大公司比起来，真的算合理了。

锦我们的美丽

前期准备

采购方式

预算

装修前期

装修中期

装修后期

装修后笔记

后记

看工地主要注意以下几个方面：

● 要看正在施工的工地，最好是水电改造刚完成正在贴砖阶段的工地。因为水电是隐蔽工程，这样更能看出是否规范来。

● 水电改造看是否绕线了，强弱电间隔是否超过 30 厘米（小于 30 厘米的会有干扰），墙面上有没有开横槽。

● 成品保护做得好不好，该包的是不是都包好了，比如暖气、不需要更换的防盗门等。

● 地漏是不是保护好了，特别是厨房和卫生间，别回头铺砖的时候水泥掉进去，影响下水的速度。

● 工人的素质如何，现场有没有烟头，有没有灭火器什么的，材料码放得是不是科学。比如水泥等特别沉的东西不该集中放在阳台，会给阳台的承重造成威胁，油漆之类的不能太阳直晒等。

● 有没有给工人准备简易马桶，有的工人会在屋子里小便，弄得屋子很难闻。

● 如果可能，和正在施工的业主了解一下情况，当然要背着施工方，这样更能收集到可靠的有价值的信息。

● 最后就是工人的水平了。比如瓦工，如果你不太会看，起码应看个感觉，砖贴得平整不平整，阳角处理得好不好。

定好了装修队后，要确定具体装修项目，
让对方报价。项目以小小唐家为例：

- 铲除全部的非耐水腻子。
- 拆除书房与客厅的隔墙，改建成内净空为 1.6 米 ×2.2 米的储藏室，门开在玄关一侧，门洞可适当缩小，在靠近窗户一侧的新建墙体的墙顶面接合处留一个小洞，安装换气扇。
- 储藏室墙面刷漆，地面铺砖（不要石膏线）。
- 隔出的小电脑间地面与客厅相通，铺装地板，墙面海吉布、刷漆，石膏线。
- 阳台墙、地面全部贴砖。
- 客厅：地面铺地板，石膏线，墙面贴海吉布、刷漆，背景墙为另色。
- 封厨房朝向客厅的门洞，改在朝向过道处新开门洞。
- 厨房墙、地面全部贴砖（不用重新拉毛），厨房不设门，门洞外圈贴一圈小方砖为装饰。厨房包立管一根。厨房防水待定。
- 客厅垭口缩小，靠近外墙一侧的短墙加宽至 80 厘米（现有宽度为 50 厘米）。

  注：实际户型在垭口处与图纸有出入，靠近厨房处垭口直接贴厨房墙。
- 儿童房地面铺地板，墙面贴海吉布、刷漆，顶角石膏线。
- 过道地面铺砖，墙面海吉布、刷漆。
- 卫生间墙、地贴砖。淋浴区新建轻体砖隔断墙，墙体为"L"形，长边为 120 厘米，短边为 50 厘米，高 180 厘米或 200 厘米（待定），卫生间做防水。
- 卫生间包立管一根。
- 主卧室：铺装地板，墙面贴海吉布、刷漆，石膏线。

网络是虚幻的，不过带给人的感受却是真实的。当然，至于自己的选择到底是不是正确的，现在下结论还为时过早。慢慢地走一步，慢慢地看一步。自己觉得这第一步，走的应该还是可以的。

网络的优势就在于你根据户型提供的尺寸和自己想做的项目就可以找施工队做粗略报价了。如果不清楚要做的项目，那就要设计师上门测量，一般就要收取测量费了。而通过网络报价一般都是免费的。

功能设计，细致
到水电、插座的位置 4

知识点和窍门

重视对特殊功能的需求，从家庭成员的实际需要出发用着顺手比看着好看重要得多

椰蓉球

功能设计，顾名思义是为了实现房屋居住功能的设计。包括：

（1）房屋结构的改造（比如我家装修时就把四居改成三居，隔了一个衣帽间、一个储藏间），切记这种设计的目的是更好、更舒适地生活，在拆改结构时要注意实用性，更要注意安全性（有钢筋的承重墙万万不能打）。结构改造建议大家在户型图上直接进行，涂涂画画，非常方便。

（2）电水路／开关龙头等的规划。你和家庭成员，习惯在多高的位置上开关灯？你习惯在床头放壁灯还是台灯？沙发后要不要一个落地灯？要留音响线插头吗？电视放在哪里？厨房台面做成一般高的还是台阶状的呢？马桶的位置需要挪动吗？是用电热水器还是燃气的呢？等等。这些问题直接牵涉家中

水电路改造的内容，如果不事先考虑好，等到电工水工问你的时候，肯定是犹豫不决。如果草率地按照工人的建议办了，做好后很有可能不适合你自己的生活哟。

（3）特殊功能需求。每个家庭都有自己的一些特殊功能需求。比如我家，因为过年的时候妈妈总喜欢挂灯笼，那这次我就特意为她在阳台门上方留了一个电源；我希望进门的时候不要一览无余，就特地设计了屏风；孩子小爱折腾又不能自己睡，就设计了一个地台当玩耍＋床铺；客卫给老人用，淋浴区只用浴帘不用防水台、淋浴房等，避免磕碰滑倒，等等。你家的特殊要求是什么？和家人要多多沟通，想得全面一点。

钱小白

我家是比较方正的板楼两居，井字结构决定了这房子在格局上不可能有太大的改动。但每个房间的功能设计还是要好好构思一下。比如小卧室，不到 10 平方米，我们是想把这个房间作为书房，但是单纯做书房又不大可能，因为万一有家人或朋友来，就得解决住宿的问题。

经过几番推敲，想到了"和室"，和室其实就是在很小的空间内，达到起居、会客、学习等多重功能的一种设计风格。于是决定在小卧室做兼具收纳功能的榻榻米，再做一个书桌和书架，整个空间既不显得拥挤，又具备了多种功能。平时是书房，又能做茶室，朋友来的时候可以在榻榻米上聊天打牌，如果家里来了客人要留宿，1.8 米 ×2.5 米的榻榻米足够三个人睡在上面。小空间大用处，就是这样靠设计实现的。

再如，橱柜操作台区应该留多少电源的问题，这个还真是要提前设计好，不然到后期使用的时候会觉得特别不方便，关于这个问题小小唐同学会给大家一个详细的说明，毕竟她用过六个厨房嘛。哈哈……

水槽与炉灶之间的操作台留得太小

操作台设计得过低

水槽买得太小，锅放不进去

灶台离窗户太近，炉火会被风吹灭

水槽应做挡水，否则水会乱流

垃圾桶设计得位置不合理

舒适们的美丽家丽

前期准备

采购方式

预算

装修前期

装修中期

装修后期

装修后笔记

后记

　　第一，我们首先要考虑的是：户型是否需要改动，具体的做法是对照户型图，根据自己的需要反复研究推敲，看看户型是否需要改动[具体的参见第五节户型图分析（利弊）]。

　　第二，改动不能只盯着户型图，完全凭感觉来，而是要精确到实际的尺寸，要反复求证这个尺寸分配是否合理。要实现对房子的整体情况做到心中有数，要有"一盘棋"的概念，避免先随便改改，回头再走一步看一步。

　　大概什么风格，配什么样的家具，如果可能，细到家具的尺寸。

　　举例：我家的储藏室外围尺寸改建成 1.7 米 ×2.4 米与改建成 1.6 米 ×2.3 米会有区别吗？表面看好像差不多，但其实还是有很大区别的。

　　改好后南侧的外墙长 2.4 米，是因为我早计划好要在这里放 3 个

舒适的美丽

前期准备

采购方式

预算

装修前期

装修中期

装修后期

装修后笔记

后记

宜家的书柜，一高两矮，每个柜子宽 80 厘米，所以是 2.4 米，墙体长了也浪费，而且老公的小书房就要更小了，本来地方就不大，墙体少了的话柜子就悬空出来一块，就太难看了。所以 2.4 米不是偶然，是当初算计出来的。

再如，储藏室西侧的内净空是 1.6 米（墙体厚度大概 10 厘米），我因为也计划好了要买宜家的大衣柜，并知道宜家的柜体规格有 1 米和 0.5 米的，正好可以放一个 1 米的和一个 0.5 米的，剩下的 10 厘米缝隙可以放梯子。以我的经验：计算尺寸任何时候都要留下 10 厘米的富余量，不要完全可丁可卯，有的时候一个插座的厚度就能让你功亏一篑！

上图是储藏室的外墙，和家具的配合刚刚好。也许你不事先计算，事后也能找到尺寸合适的家具，但是我自己喜欢"一切尽在掌握中"的处理方式。

第三，功能的设计有要水电路的配合。

拆改完成后，就要进行水电路的施工了，而这个时候，你的房子还是空空的工地的样子，没有家具，没有参照，但是水电路的改造是要求有精确的尺寸来定位的，比如插座的位置、距离地面的高度、上下水龙头的高度。特别是厨房，因为牵涉橱柜的安装，具体小电器使用的插座要精确。

　　坦白说，没有橱柜的参照，这个时候做水电改造是很困难的，稍微算计不好，就很容易失控。所以，在水电路设计之前，其实厨房的功能设计要基本完成才行。什么地方放灶台、什么地方放电饭煲，插座留在哪里，这些都是与你期望的厨房的功能密不可分的。

厨房的例子

"U"形厨房的三面墙我都留了插座，先看左侧墙的高柜＆烤箱的区域。

例子 A1

　　烤箱的插座要求在烤箱1米的范围内，但是不能在正后方。我把烤箱的电源开关设计在了外露的地方，使用带开关的插座，这样方便直接断电源，直观也安全。旁边预留了备用的两个插座，主要是考虑到我喜欢用小家电。

例子 A2

　　然后是窗户两侧的立管上我也分别留了插座，左边的这个主要是给电饭煲留的，那个拐角的地方在做饭的时候基本不会用到，而且大小刚好放下电饭煲，不碍事。

舒适们的美丽家

前期准备

采购方式

预算

装修前期

装修中期

装修后期

装修后笔记

后记

　　窗户右边的立管我留了两个，一个给热水器专用的，另一个如果自己在家做酸奶、打豆浆什么的，正好利用窗户下的台面，宽敞而且不会放别的东西什么的。

　　然后就是水槽的右上方，我留了两个插座和一个双开的开关，插座是给咖啡机和电热水壶专用的，开关是水槽下边预留的两个插座的开关，插座一个给小厨宝，一个给垃圾处理器。

　　其实我当初也没有决定到底要不要小厨宝和垃圾处理器，但是考虑到万一将来要用呢，装修一定要有点"前瞻性"，特别是水电路，一旦成型，很难修改。

水槽柜子里的小厨宝和垃圾处理器的插座

开关在台面上，可以不用老开柜子了，非常省事

失误

水槽上方的插座应该再往右边一点。

B 洗衣机区域的例子

 例子 B1 洗衣机在窗户正下方，洗衣机的插座设计在了靠左边的柜子里，这个插座是灶具和洗衣机公用的，也是带开关的。

 例子 B2 **失误**
洗衣机的电源应该再往左边一点，现在正好卡在橱柜板子的地方，差点就影响使用了。

 例子 B3 洗衣机的进水口设计在了右边的小柜子里，因为是拐角的地方，柜子的利用率很低，正好用来放洗涤用品。

 例子 B4
这是洗衣机的上水龙头，用了8字阀。

例子 B5 **失误**
洗衣机的上水龙头索性留在拉篮空开的地方，这样开关起来更方便，还可以避免柜子里产生潮气。

最后的效果，在风格上很不到位，有太多的瑕疵。但是在功能上，我却底气十足，绝对满意，越住越觉得好，干什么都方便，都不别扭。这也是我最引以为傲的地方了。

唉！装修呀！永远的遗憾工程！

专题：为什么不选设计师

第一，我自己原来装修过房子，也请过设计师，发现很多所谓的设计师除了让你多花不少钱以外，没有其他什么作用。

第二，目前设计师队伍参差不齐，设计师有很大的业绩压力，导致设计师的工作重点不是怎么想着设计好你的房子，而是想着自己这个月能完成多少业绩。在这样的情况下，设计师的工作重点不在设计上，更可能是牺牲品质而追求设计数量，甚至有的设计师其实是某种产品的推销员，有回扣可以拿，所以让你用。

第三，看过很多设计师设计的样板间，觉得和自己心目中"家"的感觉还是有很大的差别。

第四，设计费用太高了。一般的设计起步价格在80元/平方米左右，大众水平的设计一般在100～150元/平方米，更高的就不用说了。其实对于脑力劳动者来说，也许这个价格还是很低的，但是对于背负着房贷的年轻人来说，一个80平方米的房子，如果请设计师，仅设计费就要6000～8000元，而这个数目足够我们买一件好的看得见、摸得着的物件了。如果花在设计上，肯定是不甘心的，或者说对于装修预算只有6万元、8万元的人来说，这个钱花得就太奢侈了。

第五，也是我淘汰设计师最重要的一点：他们不关注功能设计，只知道弄些射灯、弄个吊顶，再弄个电视墙。一个家，首先是"合理"的，才会是舒适的。好用，是第一位的，好看，是第二位的。也就是说，功能的设计远远胜于风格的设计。而对于功能的把握，我始终坚信自己才是最好的设计师（我装完入住的体会最终也证明了这一点）。

5 >> 户型图分析（利弊）

钱小白

　　对房子最初的了解就来自户型图，朝向、大致比例通过户型图都可以得知。拿到户型图要先了解每个房间的尺寸，越是小的户型就越需要好好地分析，如何能够合理分配空间。如果是二手房改造，如何拆改也是最先考虑的问题。一般来说，塔楼以及二手房的拆改工作较多，板楼拆改相对较少。

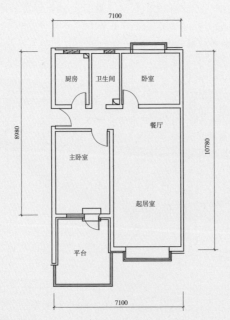

锦逅们的美丽家丽

前期准备

采购方式

预算

装修前期

装修中期

装修后期

装修后笔记

后记

椰蓉球

　　我家的户型整体来说比较方正，各项功能分区也算合理，因此大的改动是不需要的。然而毕竟还是有一些不令人满意的地方，也是我们想变动的初衷：

（1）相对于整体房间来说，厨房显得狭小，显然没有地方安置我一直梦想的厨房"岛台"；

（2）主卧进门的狭长过道不利于空间利用；

（3）没有专门的储物空间。

　　在这些分析的基础上，决定对户型做小小的改动，加大主卧面

原始户型图　　　　　　　　　　　　　改后户型图

积、增加储物间、衣帽间，消灭过道。至于厨房的岛台，因为厨房门口的墙是承重的，只能作罢，忍痛放弃了。因此，我家的户型改动集中于主卧：

- 打掉书房与主卧间的隔墙，打造 40 平方米超大主卧空间；
- 主卫门改向，将原来的小过道密闭为约 3.5 平方米的独立储物间；
- 主卫新门外砌新墙，变成衣帽间。

小小唐

装修房子最死脑细胞的两个问题，一个是确定风格，另一个就是功能区域的确定，也就是确定哪里放沙发，哪里放餐桌。而要确定功能区域，肯定要做的一件事就是：分析户型。

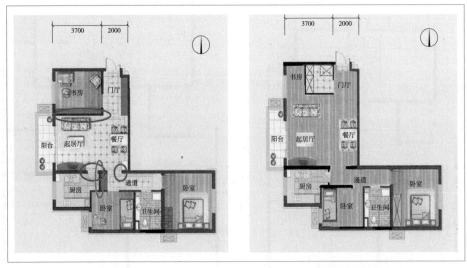

原始户型图　　　　　　　　　　　　　改后户型图

① 拆除书房南侧墙体，新建 L 形墙体，形成小书房和储藏间；
② 封堵厨房的门洞，获得完整的电视墙，过道处新开厨房门洞；
③ 垭口由 30 厘米加宽到 80 厘米，遮挡住次卧的门，同时形成明确的餐厅区，也在墙角处为双开门的冰箱找到安身之处。

献给我们的美丽的家

前期准备

采购方式

预算

装修前期

装修中期

装修后期

装修后笔记

后记

我家的需要

（1）客厅要宽敞、通透，整体感觉清新明亮；

（2）老公要一个独立的电脑区，相对封闭，他的习惯不好，东西放得总是特乱；

（3）要有足够的储藏空间，储存过季衣物、被褥、杂物和宝宝的玩具等；

（4）一定要装个大烤箱，还要预留位置，将来添个双开门的大冰箱。

房型的致命缺点

（1）储物空间非常有限；

（2）入户门正对次卧的房门，风水上的大忌；

（3）没有明确的餐厅；

（4）电视墙上有厨房的门，电视墙不完整；

（5）只有一个客厅的观景阳台，没有生活阳台，晒衣服是问题；

（6）厨房面积不大，我想要大烤箱和双开门的大冰箱，烤箱可以勉强挤进厨房，但是大冰箱怎么放？

现实情况就这样了，那就开动脑筋，尽可能朝着自己所期望的样子前进。

于是，"头脑风暴"铺天盖地地席卷而来，那个猛烈呀！猛烈到我白天晚上都在想该怎么弄，食不知味，夜不安寝，反复地琢磨改动的方案。想到一个，觉得不好，又推翻，推翻了再琢磨。最后把主意打在了书房上：

（1）因为双方的老人都在北京，且离得不远，来家里住的情况几乎没有，不太需要客房。

（2）书房靠近门口，又不适合做宝宝的房间。

（3）89平方米的建筑面积，书房就12平方米，如果作为纯粹的书房给老公，难免太过奢侈了。

于是，决定动书房！

例子
A1

书房墙

书房墙

书房墙内外

拆除书房南侧墙体，获得宽敞通透的大客厅。新建 L 形墙体，形成内净空为 1.2 米 ×1.7 米的小书房和 1.6 米 ×2.4 米的储藏间。小书房因为窗户的问题，不方便装门，索性就不装，将来用垂帘作为遮挡。

- 扩大客厅的面积，使客厅看起来更通透、豁亮；
- 小衣帽间有强大的收纳功能，除了放换季的衣服外，还兼有储藏室的功能，乱七八糟的东西（小孩的车、玩具、吸尘器、烫衣板什么的都可以放）；
- 满足老公的个人要求，有独立电脑区域。

例子
A2

封堵厨房的门洞，获得完整的电视墙，过道处新开厨房门洞。

- 保持电视墙在视觉上的相对完整，好看；
- 可以稍微增大厨房的面积，原来的门使水槽的位置不能充分利用，很浪费，厨房本来就小，寸土寸金呀；

改动前客厅宽3.8米

书房墙拆掉，空间立刻豁亮起来

墙体后移1.2米

新建的墙往后移动了 1.2 米

最终整体的效果图

舒适们的美丽家

前期准备

采购方式

预算

装修前期

装修中期

装修后期

装修后笔记

后记

☛ 厨房的窗户＋新开的门洞＋卧室的窗户形成一条直线，使空气流通起来更顺畅，可以改善室内空气的流通，特别是夏天，觉得会有不少好处！

例子
A3

过道处的垭口由50厘米加宽到80厘米，遮挡住次卧的门，同时形成明确的餐厅区，也在墙角处为双开门的冰箱找到安身之处。

具体看图。

原始户型客厅里书房的墙，这堵墙让客厅显得狭小局促。书房很大，客厅很小，还让玄关形成一个狭长的过道，很浪费，坚决拆掉！

这是进门右手边看到的书房的样子，请注意看，墙在紧挨着暖气的位置。

左：窝在角落里的小书房，结构上不好装门，就用竹帘作隔断，效果也非常好

右上：再看改动好最后的效果，注意看暖气的地方，原来的墙就紧贴着暖气的地方，客厅细长，书房大而浪费

右下：通透、豁亮的客厅，才是我想要的效果。注意暖气的参照，墙原来就在暖气边上

两个1米宽一个50厘米宽的柜子满满当当的

储藏室的门开在玄关一侧，这样可以使储藏室客厅一侧的墙是完整的，可以放书架，不破坏客厅的视觉空间

改动电视墙

把厨房的门封上，在过道侧新开厨房的门，同时把垭口的墙垛从 50 厘米加宽到 80 厘米。

例子
B4

为什么一定是 80 厘米，而不是 70 厘米或者 90 厘米呢？因为要把冰箱放在角落处，一般的双开门冰箱进深 77 厘米左右，所以 80 厘米就完全够了，如果弄个 90 厘米的，那垭口就给挤得有点窄了，瘦长瘦长的，太小气，不好看。

这样做对厨房和客厅的空间利用与视觉效果上都有好处

外边客厅里的电视墙也完整了，这是最后的效果。你想象现在放纸灯和韭菜花的位置若有个门洞，那感觉就差多了

插播

装修就是这样，一定要有全盘统筹的概念，很多数据要自己心中有数。

饿饭们的美丽家

前期准备

采购方式

预算

装修前期

装修中期

装修后期

装修后笔记

后记

6 风水

风水，风水，感觉有些玄。

怎么说呢，是有些玄，但同时也觉得很有道理。风水，从字面上，就是"风"和"水"。古代人在建造房子的时候，一般遵循"避风近水"的原则。这个很好理解，过去，人们和自然的关系与现在不一样，避风近水更有利于生存。所以风水的诞生是有它的基础的。

一些书上介绍过故宫的例子。故宫有 999 间半的房子，可是皇上的卧室却很小，至少和其他的房间比起来不大。为什么呢，这是因为人在睡觉的时候，如果睡在很空旷的空间里，会大量消耗身体的能量，时间长了，人就容易生病。所以从养生的角度讲，卧室不要太大，空气不要过于流通。

风水其实很深，对我们一般人而言，也没有那么明确的信或不信，就有点像平时咱们说的本命年穿红色一样，到了本命年，是图个吉利也好，是深信不疑也好，一般都要穿点红色。

风水之于一般人，就类似这样的关系，信，但是也不受牵绊。

总结起来注意以下几点就好了：

（1）避免"一剑穿心"。如果一进大门，整个客厅就一览无余，这就是风水上的禁忌。这样的格局会让在客厅的人产生不安感，所以一般玄关要有个隔断遮挡一下。

（2）卧室不要太大，或者说卧室的空气不能过于流通，这个是原则。因此，卧室尽量不要有落地的大窗户，床不要紧挨着窗户。如果有大的飘窗，一定要用厚实的窗帘遮挡好。

（3）灶台不要紧挨着水槽，风水上说容易水火不容，从实际生活角度讲用起来也不方便。

（4）从"灯不压床"演变而来，床头不要有太重的东西，比如不要挂很重的画、不放搁板。很重的灯也尽量避免在床的上方。

（5）床尽量南北放，这个很有讲究。因为地球的磁场是南北极的，人的血液里含有大量的铁，如果东西放，铁的分布受到地磁的影响会紧贴在血管壁的一侧，分布的不均匀，影响血液的供应，时间长了，自然对身体不好。所以，南北放，顺应地球磁场。你看现在的农村，那种大炕，一定是东西走向，因为人横着躺上的时候，身体是南北向的。很多老人很在意床的走向，是很有道理的。

（6）还有一点房间里不要见墙角的问题，其实这主要是一种视觉对心理的影响，能避免就尽量避免吧。

最后说一句！风水，既要尊重，也不要被它限制死，坦坦然然地对待就行了。

饿说们的美丽家
前期准备
采购方式
预算
装修前期
装修中期
装修后期
装修后笔记
后记

7 丈量尺寸

知识点和窍门
● 对自己的房子做到心中有数
● 各种数据记在小本上，随身带着，免得用的时候抓瞎

　　这里说的丈量，是亲自去新房测量实际尺寸。且不说，实际面积与合同中规定的面积是否相符的问题，最主要的是你的一些家具、洁具都需要你有更精确的尺寸才能确定。因为户型图提供的数据并不完全准确，而且户型图上你并不能得知暖气片的具体位置，燃气表所在的位置，马桶的坑距，以及房屋实际的层高、窗户的高度等，都需要你亲自测量后才能确定提供给商家的数据是不是正确。

　　在亲自测量之后，最好及时把这些数据标注在你的户型图上，在购买家具或卫浴时拿着这些数据就会方便许多。

　　下面这几张图是钱小白利用"我家我设计"制作的三维设计图，虽然离专业水平还差很远，不过，起码在心里会对自己的家有了一个初步印象。

我们的美丽家

前期准备

采购方式

预算

装修前期

装修中期

装修后期

装修后笔记

后记

专题：三维设计软件

看过一些家居实景图后大家可以自己画些草图，下面介绍的几款小软件，都很小，但有立体图，能把自己的基本意图表达清楚，还可以和家人沟通交流，融入大家的智慧，让装修这件事不再那么枯燥无味。

（1）"我家我设计"。相对好用，虽然还不十全十美，但一个只有24MB的小软件能达到这样的效果，已经让人很知足了。而且在使用上没有任何难度，基本会用电脑就会用它。这款软件的优势在于，它收集了全国各大城市很多楼盘的户型图，如果能搜到你家所在的楼盘，那么就省去了绘制户型图的第一步。当然就算找不到，绘制一个户型图也不会难到哪去。

另外，这款软件还可以随意更换家装材料的质地和花色，一些品牌家具在材料库中也有模型样本，更方便了大家搭配。美中不足的是，目前品牌的种类还是不太多。

（2）"拖拖我的家"。这款软件具有二维和三维设计，能满足客户的多种需求。比如可以在房型图的二维设计过程中设置房间的踢脚线和环形吊顶。不过该软件在操作上显得烦琐，而且软件对一些功能做出了限制，比如要求必须是注册用户才可以保存设计的结果，比如说三维图形的渲染效果，虽然在制作后的效果非常好，但对于缺乏相关知识的人群来说，并不能很好地掌握。

（3）"颐家IDO在线互动设计软件"。这款软件和"拖拖我的家"一样都需要注册才能使用。这款软件更注重业主与设计师以及材料商之间的沟通，页面上有添加好友的菜单，很方便彼此之间的沟通。但软件只具有材质和模型数据库，缺少户型图数据库，用户在进行自我设计时明显感觉到缺少户型参考带来的不便，而且使用该软件画好户型图之后，需要点击房间编辑按钮，才能生成该房间的"毛坯房"，然后需要用户采用涂料、地砖等材料按部就班设计。这无形中加大了用户在设计时的难度，使原本很有乐趣的一件事情变得烦琐起来。

采 购 方 式

PROCUREMENT
METHOD

1₂ 集采

知识点和窍门
- 集采不是万能的，没有集采是万万不能的
- 出手要稳、准、狠
- 找能退单的集采
- 拿着集采价再去砍价

　　集采，就是集体采购的简称，也叫"团购"，现如今是越来越火了。

　　大概有这么几种渠道：

网络集采

　　顾名思义，就是通过网络平台组织和号召的集采。网络集采根据集采的具体形式还分为线上和线下两种，线上集采的典型代表是篱笆网，定期推出一些特价有吸引力的单品，公布价格和产品细节，在一定时间段内下单就可以享受。这很类似于最近火暴的团购网站，只不过更专注于装修类产品和服务。还有一类是线下集采，比如搜狐焦点装修论坛组织的每月一次的大型集采，就是线上组织，线下实施，通过现场砍价、下订单、交定金、现场咨询看样品的方式进行。上述两类集采业态还有 个明显的区别，那就是篱笆网这类网站囊括的品牌基本是实体市场中为大家所熟知的，有点像一个网上建材城；而像搜狐焦点这样的集采论坛，其主流产品基本都是在实体市场中不太著名的品牌，或者说，是依靠网络起家的品牌。

我们的美丽

前期准备

采购方式

预算

装修前期

装修中期

装修后期

装修后笔记

后记

小区集采

刚刚落成的小区，几百几千户业主都要装修，都要选购建材和服务，在社区论坛上总会有人发起各种不同内容的集采。有的是自发的、小型的，比如三五家业主一起团购热水器啥的，还有一些搞大发的，一般就是业主委员会出面和某网站或者企业合作，组织几十几百户一起团购。

小团体集采

可能是一起装修的 QQ 群好友，或者通过什么渠道交到的一些正在装修的朋友，规模都不大，一般 10 人或以内吧，私下里找到相关资源自己砍价。

基于集采的特性，向大家推荐的窍门是"稳、准、狠"。

参加集采以前先要做功课，千万别傻乎乎地就跑到现场，完全听商家的介绍，那你不被忽悠才怪呢。有些名副其实的"奸商"很有可能在集采上给出的价格其实比平时门店还高啊！就算看到真优惠的产品也不要冲动，先想想自己确实需要吗？能用得上吗？有些商家的优惠是有条件的，比如要在某日期前安装才可以等，别冲动之下盲目兴奋，多订了反而是浪费。这就是"稳"。

看好了的产品就要果断下手。要知道集采现场有些赠品（电饭锅、咖啡机、刀具、茶具等）可是有数的，等你算计半天磨磨蹭蹭去交定金的时候，早没啦。这就要求你要"准"。

两个相似品类的产品都看好，一时犹豫不决，咋办？没关系，看咱的"狠"劲——两个都订。留点时间后期慢慢比较选择，没准儿你还两家都买了呢。这里可有个注意点了——一定要选那些可以无条件退定金的啊，否则那一两百元的定金就拿不回来了，那也是钱哪！

椰蓉球家集采的瓷砖、橱柜等

集采的地板

2 网上淘宝

知识点和窍门
● 精心挑选卖家
● 验货时要当着快递员的面打开
● 自己安装不是不可能

除了集采，最 IN 的采购方式当数网购。网购不仅能够淘到价廉物美的宝贝，而且还能找到一些在实体店很难见到的稀有宝贝，另外，如果工作忙的话，网购也可以帮你省去不少的时间和车马辗转的疲劳。

以钱小白在淘宝网买灯的经历为例。

第一步　寻找阶段

我常常感叹，淘宝上真是无奇不有啊，你能想到的和你想不到

的，以及你在市面能买到的和买不到的，在这里都可以找到。查询的方法也很简单：如果你想买海洋风格的灯，就在搜索栏中输入"海洋，灯"，如果要找铁艺灯，就输入"铁艺，灯"，以此类推。种类之多，一天是绝对看不完的。在这里提示大家一下，如果能在一家买当然好，这样会省运费，但如果在一家找不到所有的灯也不必勉强，因为还是要最适合自己的家才行。当然其间也去了几次灯饰城，比较了一下价格，发现网上的价格优势是非常明显的，款式也更多样，于是更坚定了网上购灯的打算。

第二步　与店家沟通

在网上购物的确是有一定风险的，但只要学会辨别，成功概率就相当高。比如，一定要看店的信誉，钻石或皇冠级的卖家是首选。当然不排除有的卖家是花钱刷出来的信誉，所以你要注意他的信誉评价，都是什么样的买家对他评价，评价的内容又是否雷同。接着，一定要和店家沟通，不要觉得和他说话了就一定要买他的东西，和他沟通也是判断其信誉的重要手段，看他的回答是否专业，比如对于产品的细节、运输等问题他是否都十分了解。

第三步　收货

收货也很关键，无论是走快递还是物流，当面验货很重要。因为灯具是易碎品，不要管快递公司或物流公司的人怎么啰唆，你该怎么验就怎么验，打开包装，仔细检查每一个灯，如果有问题，用相机拍下来，马上联系卖家，并请快递或物流人员签字确认。这种情况专业卖家都会直接补发一个给你，不用担心。当然，专业卖家都会很认真地包装。

第四步　装灯

灯饰城有些贵的灯是负责安装的，不过网上购物就不可能了。可以请装修公司来装，视难易程度，200～300元不等。买了电钻和梯子后也可以自己装，当然这些工具不仅仅用于装灯，后来证明用的地

方还真多，而且邻居也常来借用，很方便。不过装灯对于我们业余选手来说还是要两人以上合作完成，不然上上下下的不方便。

秀灯时间

A. 客厅的吊扇灯
这款灯有些复古的感觉，有木纹的扇叶和半透明的花形灯罩搭配得恰到好处，与整体家具和墙面的色彩也很协调。

价格：330元

运费：与餐厅灯、镜前灯一起一共38元

安装：夫妻二人

提示：装灯打孔的时候最好戴上帽子，不然弄得一头灰而且还容易眯了眼睛。

给我们的美丽的家

前期准备

采购方式

预算

装修前期

装修中期

装修后期

装修后笔记

后记

B. 餐厅灯

　　这款灯当时卖家在描述时说透着海洋的感觉，除了开灯后灯投射在屋顶的水纹外，有时灯轻轻摇摆，还让人有种站在甲板上的感觉，透着海洋风的主旨。

价格：248 元

运费：与客厅灯、镜前灯一起 38 元

安装：夫妻二人

3 仓储购物

知识点和窍门
● 勿忘产生购物冲动，
预订太多东西

大家应该都从网络中知道有去仓储购建材的方法。以北京为例，民祥是一个卖水暖器材的地方，东西便宜，也很齐全，一般家里装修用到的龙头、花洒、软管、8字阀等都能一站购齐。

去仓储买建材的几点小建议：

（1）可以先在离家近的地方看好花洒、水龙头的样式，然后记录下具体的型号。

（2）事先了解好自己家都需要什么东西、具体的数量，比如上水管需要几根、8字阀要几个、冷水的几个、暖水的几个。列好清单，按照单子购买，免得遗漏，为个小东西再跑就不划算了。

（3）如果自己没有车，就要考虑到运输的问题，这些东西很沉，有的包装还很大，比如花洒，如果乘坐公共交通，那往回带就是个问题，要计划好。打车是个不错的选择，但是要考虑好距离，别回头买东西省的钱又都花在打车上了。

锇逦们的美丽

前期准备

采购方式

预算

装修前期

装修中期

装修后期

装修后笔记

后记

仓储购物的优点和缺点都是显而易见的，缺点是购物环境不佳，一般不会有滚梯上下，也没有舒适的空调，更没有餐饮等配套设施的存在，而且往往地点偏远。也正是由于这些缺点的存在，才使得仓储购物有个很大的优点，那就是价格上的优势。仓储式购物很多都是工厂直营，或者地区的总代理，所以中间环节少，利润的空间大，加上经营成本和建材超市等比起来相对较低，也就为"让出部分利润"提供了可能，说白了，就是可以很便宜。

不过，仓储式购物最需要谨慎的一点，也跟"便宜"有关。比如你在建材超市看到一个水槽，标价 2000 元，不管打折也好，促销也好，可能最后的价格还会在 1000 元左右徘徊。可是，在仓储购物点，你会发现同样的水槽，标价在 800 元，再打个小折，最后 600 多元就拿下了。这是个让人很兴奋的事情，但是也会让考虑不周的人产生盲目，很容易一时冲动买下些很"鸡肋"的东西。

所以，去仓储式购物点买东西要提前做好功课，自己家究竟需要什么，具体的尺寸和规格是多少，都要做到心中有数，而且要严格执行计划。切不可一看便宜，明明感觉和自己需要的有些出入，还是昏头昏脑地决定买下，这样的购物行为在我看来就背离初衷了。

4 宜家家居

知识点和窍门
● 将"一站式"购物进行到底

宜家，实在是一个装修前要去看看的地方。有那么多的实景样板间供你琢磨研究，甚至直接照搬。就算你不喜欢宜家的风格和产品，它的很多理论自然是值得你学习的。所以我建议你一定去看看，静下心来，仔细地看，总会有所收获的。

逛宜家之"黄金经验"

经验一

宜家很多东西是多用途的设计，随你的灵感，用在任何你想用的地方，要开动脑筋。

经验二

宜家有很多很巧的小东西，从产品本身到创意，都很精彩，你要有发现的眼睛。

❧ 我的发挥 ❧

这样的思路你可以推广到漂亮的纸，比布还容易，等不喜欢了，换一下就行，你可以用它来装饰任何的墙面。

北欧风格的三要素：简单的线条＋木头的纹理＋纺织品的运用。

比如下边这个例子都用到了。这是个床头墙面的装饰，其实是木

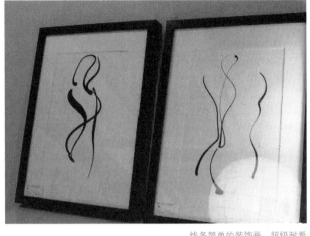

线条简单的装饰画，超级耐看

生活类小物品

美丽的窗帘，不华丽、不张扬，却够美

餐厅们的美丽家

前期准备

采购方式

预算

装修前期

装修中期

装修后期

装修后笔记

后记

多好看的灯，线条如此简单，却   白色的窗帘，很天然的颜色和质感，近乎完美
又细腻

头的相框，把卡纸拿掉，装上好看的布，效果很不错。

　　对宜家曾经有这样一个过程：慕名而买，发现盛名之下，其实难符，感觉不过如此。之后装房子，放弃宜家。 后来出国，住的宿舍房间里又全都是宜家的家具，住了4年多，发现就那么回事。 再后来回国，回到非宜家的房子，发现不顺手，有了对比，才体会到宜家设计的好处。这回装房子，综合考量，又选择宜家了。

　　这个过程前后大约10年。

　　这只是个过程，其实我最想说明的观点是：

　　（1）宜家的设计确实还可以。

　　（2）用"平常心"对待宜家，它就是个家居的品牌，有优秀的地方，也有欠缺的地方，不要盲目。

答疑解惑

质疑一

　　宜家的东西太贵了，根本没什么的一个破架子，就好多钱，根本不值!

解　惑

　　宜家的东西不便宜，主要贵在"设计"和"服务"。

餓适们的美丽家

前期准备

采购方式

预算

装修前期

装修中期

装修后期

装修后笔记

后记

这款浴室产品，用在浴室当然没问题，你还可以用在卧室

在国内，设计不值钱。为设计埋单大多数人不认可。我们常说的性价比更多的是说"原料"和售价的比，往往忽略了设计所占的比重。而宜家的强项恰恰是设计，设计在国外最值钱，所以宜家的价格体系是按照"老外的路数"来的，在他们的观念里，天然材料、有价值的设计、手工制造、个性定制四样里占上一样，价格"噌"一下就上去了。

其实宜家同样的东西，国内售价不算高，国外一模一样的产品，价格翻倍。

图片架可用在厨房，也可用在卧室的床头

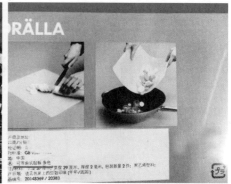

菜板看似很普通，妙处在这里——它是可以弯曲的　　切完直接把菜兜着扔锅里，很方便

　　宜家有一个稳定的设计团队，我们看到了产品，但看不到产品背后精力、脑力的投入，但是，你在购买时是要为这部分掏钱的，而且掏得还不少。

　　宜家贵，还贵在了卖家居（不是家具）解决方案，它不但展示家具，还告诉你怎样布置、搭配和使用这些家具，这就是家居方案了。

　　总的来说，我买宜家，就看上它的"设计"和"服务"了，就那个样板间，提供给我太多的灵感，掏点就掏点吧，只怪自己想不出来呀，想出来的东西也不见得好，人家给你摆好了，省事了呗，省事就要掏钱，不变的真理哦。

质疑二

宜家的东西用料太廉价，不扎实。

◀ 解 惑 ▶

　　我的体会也是这样的，宜家使用的都是最低廉的原料，刨花板多，实木的也有，但都是松木和杉木等软木。但宜家推广的是：用最低廉的原料＋精心贴心的设计，满足日常家居的基本功能的产品，

注意是"基本"哈。使用速生木材，对环境友好，也满足使用需要。这正是宜家引以为傲的地方。它们的这个观念我个人很认可，很接受。

质疑三

感觉不怎么上档次，好像是给单身宿舍凑合用的！

◆ 解 惑 ◆

宜家是北欧风格，北欧风格就这样。前阵子我国领导人访问北欧，会见北欧某国的王室成员，大家留意过会见场所的家具吗？很简单的原木方桌，一块原木的板子，四条腿，没有任何装饰，桌子两边一边一个沙发，一个白色的，一个蓝色的，还都是低背的，和软塌塌的美式大皮沙发绝对不是一回事。沙发看质地像棉布，不像皮革或其他的高级材料。总不能说，王室没钱买好家具吧？当然人家用的也不是宜家哈，我只是说风格。

质疑四

宜家的东西质量太次，没用多久就快要散架了。

◆ 解 惑 ◆

这个必须要承认，但是问题可能不出在家具上，安装和使用习惯也有点关系。宜家是半成品，安装也很重要。就我的体会来说，咱们的安装工人是个问题，干活太快了，快了就不细致，该严丝合

安东尼的架子还能用在小阳台上晒衣服，把衣服收起来还可以摆花。因为这个特别的设计，使原本小小的阳台变得多功能起来

舒适我们的美丽
前期准备
采购方式
预算
装修前期
装修中期
装修后期
装修后笔记
后记

缝对上的随便那么一弄，手钻一拧，完事。

如果可能，动手自己装，慢是慢点，但是装出来质量好。也不辜负了人家费劲的好设计。

厨房的这个空开的拉篮帮我赢得了很多赞誉，也在厨房的使用性上面大大地加了分

推进去是这样的

61

锇适们的美丽

前期准备

采购方式

预算

装修前期

装修中期

装修后期

装修后笔记

后记

还有就是家具的使用限制，也要留意。比如大件的家具，出于安全的考虑，是要固定在墙面上的，换句话说，一般就不挪动了，本来就是个酥酥的刨花板，工人拧得不好，如果再搬来搬去的老晃荡，肯定要散架了。如果不做墙面固定，加上地也不水平，导致板材不垂直，时间长了，难免变形。

还有觉得东西质量不好，可能是因为自己没看清楚：遇见一老太太去宜家要求退货，用过的暖水瓶，按规定不能退。老太太说头天晚上装上热水，早上就不热了，是质量问题。工作人员说，您没看清楚，标签上写的这个暖水瓶只保温 4 个小时。 老太太不依不饶说哪有只保 4 个小时的暖水瓶呀，最后到底给她退了。其实在宜家买东西的时候如果有仔细看标签的习惯也能省掉不少麻烦。

重点提示

尽管是宜家，也要会选择，不是所有产品的质量、设计都好，特便宜的家具不要买，买它比较成熟的、经过考验的系列。

总之，宜家在我的感觉里，不仅是一个家居卖场，更成了一种标签式的方式，延伸到我居家生活的很多层面。

如果你去宜家，如果你能花几分钟看看宜家的发展史，看看曾经贫瘠的斯马兰地区的人们是如何跟环境相处的，这样的相处怎样孕育了今天世界闻名的宜家，你就会明白宜家的廉价是多么的有意义。

BUDGET

预算是大家都很关心的问题，每个人都或多或少地做过"预算"，但几乎 90% 以上的人到最后算账时都会发现，实际花费远远超过预算。

这是为什么？预算到底该怎样做？

必须说明，虽然都叫"预算"，其实预算有两种做法。一种是在限定的装修款总数内展开，可称为"从上向下"；另一种是从各小项逐一累计出最后的装修总额，可称为"从下向上"。

无论是"从上向下"还是"从下向上"，预算都必须经过一个逐项分析、再累计的过程。只有经过这样细致而踏实的设想、计算，才能真正得出一套可行的合理的装修财政指导。给那些经费有限的业主提个建议，请按照下面介绍的方式做预算，用 Excel 做，先按自己的最完美设想做，如果最后的款项总额超出你的承受能力，那么，再回头审视预算中的各个单项。按照那些单项对你的重要顺序，有选择地降低，直至款项总额达到你的要求。当然，这个总额还应该比照可动用资金留出一个适当的机动比例，以防万一。

如何计算

首先必须明确一个最重要的原则——预算不是凭空造出来的，不是你在电脑前画几个表格填几个数字，就叫做预算了。预算不准确的两个最大原因是"价格不准确"和"漏项"，以下几个措施可以帮助大家尽量避免这两个问题：

（1）预算必须在充分考察市场的基础上进行，只有充分了解了市场行情，了解了产品价格和档次、使用规律（比如损耗等）、用法用量等，才能真正了解家装所需的各类材料和价格。随着市场考察的深入，还应该不断修正预算。

（2）预算必须在家装设计基本完成之后进行。必须知道了家装所需的基本材料种类、数量之后，才能做出准确的预算。

（3）预算最好分空间进行。例如，客厅则包括顶面、墙面、顶角线、吊顶、地面（主材和工费）、灯饰、装饰、窗帘杆及窗帘等；这样的好处是可以尽量想得全面一些，然后再依次是卧室、厨房、卫生间等。

（4）预算可以分类进行。例如可以做三个表，分别是家具家电预算表、主材料预算表和施工队（工费辅料）预算表，每个表里再各自按空间划分。

（5）预算表做好之后，建议大家在最后加一列"决算价"，即把实际发生的费用及时录入，这样可以随时关注自己对预算的执行情况，并相应调整后续花费的策略。

（6）预算一定要细心，想得充分充分再充分。前期想得越细致，预算就越是一份可行的、科学的、不易超支的预算。

椰蓉球家预算实例

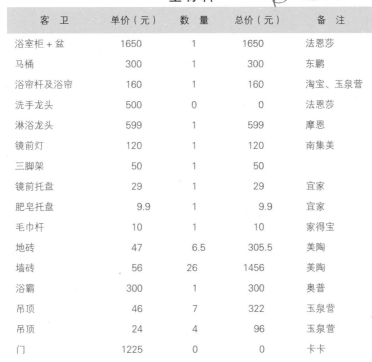

▼客卫

主材料

客 卫	单价（元）	数 量	总价（元）	备 注
浴室柜＋盆	1650	1	1650	法恩莎
马桶	300	1	300	东鹏
浴帘杆及浴帘	160	1	160	淘宝、玉泉营
洗手龙头	500	0	0	法恩莎
淋浴龙头	599	1	599	摩恩
镜前灯	120	1	120	南集美
三脚架	50	1	50	
镜前托盘	29	1	29	宜家
肥皂托盘	9.9	1	9.9	宜家
毛巾杆	10	1	10	家得宝
地砖	47	6.5	305.5	美陶
墙砖	56	26	1456	美陶
浴霸	300	1	300	奥普
吊顶	46	7	322	玉泉营
吊顶	24	4	96	玉泉营
门	1225	0	0	卡卡

镜逝的美丽

前期准备

采购方式

预算

装修前期

装修中期

装修后期

装修后笔记

后记

客 卫	单价（元）	数量	总价（元）	备 注
墩布池 + 水龙头	80	1	80	玉泉营
镜子	100	1	100	玉泉营
小计			5587.4	

施工价格

客 厅	单价（元）	数 量	总价（元）
安装费	200	0.0	0
地砖	30	6.5	195
墙砖	30	26.0	780
水泥洗手台	100	0.0	0
防水	65	32.5	2112.5
小计			3087.5

▼客厅

家具、电器及装饰

客 卫	单价（元）	数量	总价（元）	备 注
沙发（3+1）	8980	1	8980	芝华士
茶几	3760	1	3760	艾加里
电话	150	1	150	天意
客厅花瓶	29	1	29	
电视柜	3760	1	3760	艾加里
展示柜	3100	1	3100	艾加里
电视	5500	1	5500	
空调	3000	1	3000	
小计			28279	

致我们的美丽家

前期准备

采购方式

预算

装修前期

装修中期

装修后期

装修后笔记

后记

主 材 料

客卫 + 餐厅	单价（元）	数 量	总价（元）	备 注
地面瓷砖 / 地板砖	118	46	5428	
壁纸	120	2	240	玉兰，主料 + 人工 + 辅料
壁纸	75	15	1125	玉兰，主料 + 人工 + 辅料
灯	1000	1	1000	南集美
镜框线	400	0	0	
镜框面	800	1	800	
阳台灯	25	1	25	
石膏天花	50	1	50	局部天花
吊灯	260	1	260	淘宝集雅斋
吊灯 2	65	1	65	玉泉营
小计			8993	

施 工 价 格

客 厅	单价（元）	数 量	总价（元）
地面瓷砖	30	31.2	936
刷漆	35	30.8	1078
吊顶	500	1	500
顶角线	10	20	200
背景墙	500	1	500
小计			3214

以此类推，逐一规划出不同空间、不同类别的家庭装修预算。

这样的预算初步完成后，还有一个非常重要的调试过程——这才是体现预算优越性的地方。按照上面的方法，我最终的预算总额为 15 万元，如果我认为这已经超出了我的承受水平，那么，我可以通过调整预算中某一分项的数额的方法来降低预算。

调整时，只有在市场中寻找到了确实存在的某产品后，才能对预算表中的项目进行修改和调整。在这里，不能回避的问题就是，业主必须要为经济均衡适当放弃一些追求，这也是生活给我们的无奈吧。

调整到位后，预算方算大功告成。在充分考察市场、充分审视自己的需求，并将这两者最大限度地完美结合基础上形成的这种预算的好处是——能够准确地执行。

小小唐家装修费用的清单和选用的品牌

	选用品牌及数量	价格（元）
木　门	TATA3 樘 + 包 2 个大垭口	6757
地　板	迪克多层实木复合地板 60 平方米	11580
	地板伴侣 60 平方米	1162
衣　柜	索非亚入墙衣柜 + 鞋柜	6874
墙面 （综合算下来： 57 元 / 平方米）	海吉布	2400（参考）
	墙面漆：芬林	5000
	施工费（基膜 + 贴 + 胶 + 刷漆）	2600
卫 生 间	卫生间圣保罗合金门	777
	卫生间瓷砖：博华	2245
	马桶：法恩莎 FB1668	1398
	浴霸：奥普 HDP820A	1422
	佳诺浴室柜	677
	花洒：九牧	650
厨　房	厨房瓷砖：美淘	2596
	烤箱：意大利 CUCINE	3480
	抽油烟机：瑞鑫（当时"5·12"地震集采特别优惠价）	1800
	方太灶具 HL2G	1958
	燃气热水器：林内 RUS–16FEL 16 升	3500
	厨房水槽 + 抽拉龙头：摩恩套餐	1200
	佳诺橱柜	11025

	选用品牌及数量	价格（元）
其 他	西蒙开关	944
	吸顶灯：欧普	760
	石材：金碧辉煌	600
	吊顶：得实	980
	日上防盗门（带小窗）	1850
	水电改造：地康	6000
	施工（清工＋辅料）	22500
共 计		102735

可以很自豪地说，我是个"不辜负网络的人"。我的预算，几乎没跑市场，但是做出来的却很准确，执行的时候指导性和参照性都很强。

很多人做预算的时候就想着怎么能"省"点。所以凭想象地预算出了很多数字，等到市场上一看，很多人都有这样的感觉：看得上的买不起，买得起的看不上。

怎么办呢？

我个人的建议是选择"看得上的"买。还是那句话，你的消费观念就那样了，多花也是有限的，多花不了多少的，买个自己满意吧。 如今的年月，弄个房子不容易，装修一次怎么也要住上十年八年的。既然动心思装修了，那就装出自己满意的样子来。东西的质量好些，用着也高兴。

由此，也引出了我最想表达的意思："省"永远是相对的，省钱很重要，省心也很重要。省还体现在"省时、省心、省精力"上，比省钱还重要。

预算，最根本的意义是装修时有所参照，把钱花得更有针对性，让自己的装修过程更流畅和顺利。如果偏离了这点，那再好的预算又有什么用呢。

我们的美丽家园

前期准备

采购方式

预算

装修前期

装修中期

装修后期

装修后笔记

后记

装 修 前 期

EARLY STAGE

1² 合同

知识点和窍门
● 与好心网友共商合同
● 要写补充条款，规避
  风险

看合同，看什么？三个字：细不细

看合同的时候主要看施工工艺和辅料的描述是否详细。

（1）看辅料，合同里描述得细不细。详细的应该是品牌＋系列＋型号，稍不留神，可能就中了对方的陷阱了，而且你还说不出什么。

比如腻子，是"易刮平"还是"易呱平"呀？别看就一个同音字的问题，可不是小问题，山寨版相当多。

如果合同里写的确实是"易呱平"，是不是就没问题了？

不是，接下来的问题是：什么牌子的易呱平呀？

易呱平只是个很含混的说法，谁都可以用的，不受商标注册的保护。

即使说了品牌，如美巢牌的，那可是大品牌，该没问题了吧？那我告诉你，说"美巢易呱平"也不行！是 800 还是 400？易呱平 400 就是原来的 821 腻子，是非耐水的，有规定是不能用在室内装修的。

感觉要冒汗了吧，单一个腻子，就这么多的花样，要是自己不清楚，加上被忽悠，肯定掉陷阱里。只有"美巢易呱平 YPG 800 耐水腻子"才是我们需要的腻子，看合同的时候你就看它写的是不是完整，品牌＋系列＋型号，一个都不能少。有这样的合同在手里，才是对我们最大的保护。

餓适们的美丽

前期准备

采购方式

预算

装修前期

装修中期

装修后期

装修后笔记

后记

专题：陷阱

想知道如何避免掉进陷阱里，就要知道陷阱通常会挖在哪里。装修中的大陷阱一般有 3 个，这 3 个陷阱也就是装修中最大的利润所在：水电改造、防水和墙面处理。

除了腻子，还有防水，一般是淋浴的地方 1.8 米，干湿分离的干区返高 30 厘米。厨房可刷可不刷，刷的话返高 30 厘米就可以了。施工队是愿意你刷的，要知道防水也是大利润。

（2）看人工费的报价细不细。比如贴砖，对砖的规格应该有具体描述，超过多大要另收费，怎么收；小方砖什么尺寸的要多收费，斜铺要不要另收费；填缝剂如果自己买（一般自己买，施工队只用白水泥，不用他的白水泥也不减费用）请工人施工怎么收费；还有墙面漆，加一种颜色怎么收费，等等。事先规定得越细，过程中出现分歧的可能性就越小，过程可能就越愉快。

（3）看有没有拆项报价。比如，明明是一项工艺的标准流程给拆成两项甚至三项报价，觉得很便宜，要知道"便宜"是很多人不能抵御的糖衣炮弹，是很容易中招的。

同时，还有一点要注意：有没有故意漏项。想知道是否故意漏项的前提是你对自己家施工的项目要清楚，同时对标准的施工工艺要清楚，如果不清楚，就很可能看不出有漏项的地方。因为项目少，所以报价低，先用低报价吸引你上钩，等真的开工了，在施工过程中你不得不加项，还哑巴吃黄连，不装也得装，这种属于"边缘欺诈行为"，没地方去评理，一般人也没那个精力。

　　一般如果合同在这几个方面都报的感觉比较可靠，那基本上就还可以啦。第一关就算过了。当然，即使这几个方面感觉都不错，也不要大意，毕竟是门外汉，合同里的陷阱真的太多了。

对付报价陷阱的办法

　　（1）补充条款里明确：非业主本人的意愿所做的增项，不能超过
　　　　　总报价的 10%，否则有权拒付。

　　（2）把报价单发到论坛上，请大家把关。这个环节要注意：

　　　◉ 不要提是哪个施工队，这样可最大限度地减少不必要的干扰；

　　　◉ 不要一个 Excel 表格直接就贴网上了，想要人帮助，要创造出有
　　　　利的条件，表格看起来费劲，应把关键的内容拷到 Word 上。

接下来就是签合同的注意事项。主要有以下几个方面要注意

　　（1）关于实际施工量的问题，这里面牵涉算法，很多算法是有行
　　　　业规矩的。比如墙面的施工面积，墙上有窗户，如果你包窗套，
　　　　那窗户的面积就要扣除，如果你不包窗套，那就要处理窗户
　　　　的阳角部分，窗户的面积就不减了。其他还包括贴砖的时候
　　　　门洞部分的处理等。还是那句话：问清楚算法，写进合同。

　　（2）水电改造方面的，除了要规定使用管线的品牌规格等，还要
　　　　写明施工量的计算方法，比如 1 根管子里穿 2 根线的，怎么
　　　　算，是算管子的长度，还是算线的长度。还有两点间的走线，
　　　　是平行墙体横平竖直地走，还是两点间走直线取最短距离。
　　　　有太多的人在这个问题上吃了亏，毕竟水电是整个施工过程
　　　　中最大的利润点。一定特别备注上，要事先做出预算，如果
　　　　超过水电当初预算的 10%，超出的部分有权拒付。另外还要
　　　　求施工方给出改造后的详细的水电路图。

　　（3）关于增项，几乎没有施工过程中不增项的，只是增多增少的
　　　　问题。我的建议是：自己拿不定主意到底做不做的项目，先
　　　　不写进报价，如果过程中发现还是要做，那就做增项，工长

是欢迎的。如果先写进去了，又不做了，那就是减项，工长不会像你要做增项那么高兴。

（4）有一些是要根据实际情况来处理的，比如铲除墙皮后墙体找平的问题，一般事先很难说，非要等开工操作了才能下定论到底要不要找平，是全部找，还是局部找，这些双方也要事先协商清楚，写进合同，不然就会有无穷无尽的问题等着你，最后把你累死、烦死。

（5）补充条款还是要签的，原则如下：

● 签这个条款是我作为万不得已的时候用来保护自己利益的，不是拿来为难对方的，在这个问题上不必太强势，不用补充得太过严苛。

● 条款执行要松紧有度，哪些该松、哪些该紧，自己要心中有数，但是松紧尺度自己掌握就行了，不要暴露给对方知道，不然就白签了。

● 就算真的违反了条款，要看具体的情况，一般拖工期不太长、工人偷着在工地抽烟什么的，可以稍微说一说，不必真的按照条款扣钱。

● 工人的素质和水平有的时候确实不高，有的甚至用你新安装的马桶，类似这样的事情要在条款里说清楚。

总结：无论工长看起来多么的善良友好，合同就是合同，该写的一项也不要含糊。"人生若只如初见"，刚开始大家的感觉都是好的，但是这种感觉往往不那么可靠。

锐遍的美丽

前期准备

采购方式

预算

装修前期

装修中期

装修后期

装修后笔记

后记

2 开工，选日期

具体的开工日期怎样选择，这是仁者见仁、智者见智的事情。有些人封建迷信点儿，会特意在网上搜万年皇历出来，仔仔细细找"宜动土、破灶"的日子，有些人则撞上哪天是哪天，这些都没关系啦。开工当天和施工队负责人一起带上相关证件、合同去物业办相关手续，交押金和管理费。然后就可以开工了！

春天和秋天，无疑是最好的选择。气候宜人，商家也会抓住时机促销，3·15、五一和十一，几乎是商家的黄金销售季。

问题来了，夏天和冬天装修行吗？

答案是，行，但是会有一些制约的因素，需要我们综合考虑。

（1）夏天空气的湿度大，木材的含水率会自然升高。如果装修使用到大量的木材，等到冬天天气干燥的时候，特别容易出现木材变形开裂的情况。

（2）很多装修的工人在夏天要回去"收麦子"，因此会出现短暂的用工荒，要不人工费上涨，要不就是等工人回来，工期被拖延。

（3）夏天天气炎热，工地一般都不会有空调。工人在高温的条件下干活，难免干得不细致。

夏天有这样的问题，冬天又会有哪些问题？

（1）冬天，温度过低，如果低于5℃的话，水泥的凝固就会受到影响。冬天装修，尽量等到来了暖气会更好些。

（2）冬天有个春节的问题。很多工人在这个时候容易干活心不在焉，返乡心切。另外，工人大都正月十五后才回来，这样就存在一个至少20天的停工期。如果水泥地面在返乡前做的找平，那很可能就没有足够的时间来做后期的养护，就容易出现问题。

拆改 3

装修开始后的第一个项目就是墙体的拆改。拆改前首先要做的是对着户型图研究好功能布局，对不合理的格局进行改动。这种改动在户型图上可以随手地画一画，但是具体到实际施工的时候，有两个问题是要格外注意的：

承重墙不能动！所说的不能动包含两个方面

（1）整面的承重墙不能动

这个是不容讨论的。承重墙关系整个房屋的结构安全，是坚决不能随意改动的。可能房屋的局部格局不是非常的合理，但是如果墙体都是承重墙，那也只能如此了。如果为了格局的合理而改动承重墙，那这样得来的合理是以安全为代价的，就真的舍本逐末了。

（2）局部改动也不可以

不光是整面墙不能动，就是想开个壁柜、开个门洞、开个窗户都不行。墙体里都会有整条的钢筋，而且排列的方式和数量都是有一定的要求的，如果开壁柜、门洞和窗户的话，一般都要破坏墙体，甚至打断钢筋，这样对整个墙体来说是很大的破坏，也会对安全构成威胁。

新建的墙体一定按照标准加钢筋

先说说新建墙体的方式。现在建墙体一般就两种方法，要么轻钢龙骨加石膏板，要么轻体砖砌。轻钢龙骨的特点是可以建得很薄，施工的速度也快。但是缺点是墙体是空的，隔音效果很差，特别不适合用于卧室的隔墙；还有就是轻钢龙骨的墙日后墙体上不能安装搁板，也不能悬挂物品，如果想挂电视之类的是不行的。所以，一般都采用轻体砖砌的方法，同时加钢筋。

4 定主材

知识点私房门
● 一方面照顾风格，另一方面注意质量

　　瓷砖算是相对费神的一个项目，而且经常是挑花了眼。可选择在节日期间下订单，优惠力度还是不小的，比平时优惠 10% 左右。

　　瓦工、木工完成后就是油工上场了。在这之前得把墙漆准备好，墙漆的使用量一般装修公司的油工都会帮你算好，而购买最好是自己去建材超市，不要去建材市场，因为超市的产品质量能得到保证，如果贪图便宜去了建材市场，而自己又不懂得鉴别真伪，买到假货损失可就大了。去建材超市一样可以选择重大节日前后去，这样优惠的力度也通常比较大。

知识点和窍门

一般家庭的定制产品主要包括橱柜和门，这两者的初测都要提早完成，主要是它们的生产周期都比较长，一般在一个月左右，如果下手晚了，很可能窝工。除此之外的定制产品可能还包括：衣柜、浴室柜等

定制定期，是自己定厂家制，关键是自己定

钱小白

橱柜、门、衣柜等所有需要定制的家居产品都一定要提前准备。比如橱柜和门一般最少需要半个月以上的制作周期，如果你不希望把装修工程拖上个三四个月或半年，那还是最好尽快做打算。

（1）厨房橱柜的初测要在水电改造之前就完成——初测的实际目的是，由有经验的橱柜设计师帮助业主设计厨房，比如提醒业主一些水电改造的细节，包括水管位置的变动、插座的预留位置、热水器安装位置从而可能引致的水电改造等。设计师还会在初测中大致了解业主的需求，比如用什么样的水盆？需要准备什么样子的龙头？煤气管道怎么处理等。

（2）在贴完厨房瓷砖之后（至少要贴完墙砖之后）进行橱柜复测。这次测量的目的是精确丈量橱柜尺寸，并完成其结构设计（抽屉、柜门的安排等）。

（3）复测完成后到店面交全款，橱柜厂家开始下料生产，生产周期 15 ～ 25 天。

（4）橱柜安装。

可见，橱柜从测量到安装是一个较为漫长、复杂的系统工程。

小小唐

以小小唐家定制的卧室衣柜为例：

计划是卧室的衣柜只用来放当季的衣服，而且因为喜欢把衣服挂起来，所以没有复杂的格子、裤架什么的，因为另购了一个六斗抽屉柜，所以抽屉也没要。这样的设计连衣柜的设计师都说是第一次遇到，简单到不能再简单了。设计师说"这样的柜子利用率不高，好多空间都浪费了"。我知道他这么说有他的道理，但是他不知道，我这样的定制是有自己的考量的。定制定制，定的就是自己的生活习惯。

我的柜子设计得非常简单，下面的搁板是活的

缤纷们的美丽

前期准备

采购方式

预算

装修前期

装修中期

装修后期

装修后笔记

后记

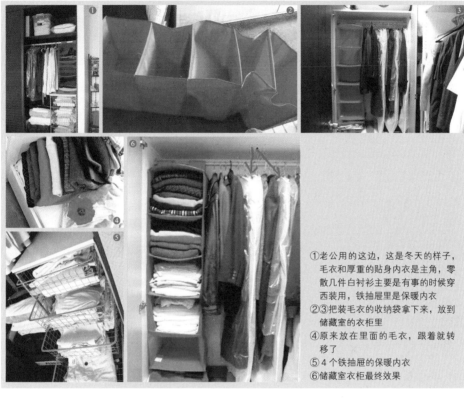

①老公用的这边，这是冬天的样子，毛衣和厚重的贴身内衣是主角，零散几件白衬衫主要是有事的时候穿西装用，铁抽屉里是保暖内衣
②③把装毛衣的收纳袋拿下来，放到储藏室的衣柜里
④原来放在里面的毛衣，跟着就转移了
⑤4个铁抽屉的保暖内衣
⑥储藏室衣柜最终效果

　　我的衣柜确实非常简单，空空的大框架。但是我靠宜家的衣柜配件来分隔空间，而且根据季节的不同进行空间的再划分，最大限度地利用每一寸地方。下面我就展示一下我的衣柜是如何实现从冬天变成夏天的。

※生活小经验：平时很多零食袋里有这种干燥包，可以收集起来，放在衣服堆里防潮，特别是毛衣。

·　卧室衣柜最终效果，原来放毛衣的地方就空了，可以放衬衫

6 2 水电改造

众所周知，对于装修队来说，水电改造是整体硬装施工中利润率最高的一项。同时，由于大部分业主对电力工程、水暖工程都没有专业知识，有一种天生的对"电老虎"的畏惧心理。

而且选择施工队还是专业公司，这是个问题。施工队的优势在于水电改造与后期的木瓦油工衔接紧凑、遇事好解决，劣势在于专业度不够；专业公司的优势在于专业度较高，劣势在于一旦出现问题，容易发生与装修公司间的推诿扯皮。

在这里还是推荐大家选专业水电公司，有以下几个原因：

一是因为大多数人对水电这东西一窍不通，尽管看了许多网友家的施工现场还是不能完全搞明白。

二是因为传统装修公司一般不承诺实际结算额不超过测量金额的10%，而专业水电公司有这个承诺，那就意味着我不用担心实际费用

※价格猫儿腻容易隐藏在工程量上，即"绕线"问题。无论水路电路，所有的管道都没必要为了追求美观和整齐实行"横平竖直"。两点之间直线最短，这个原理谁都知道。

※安全控制上，用好的材料是必需的。一些知名品牌的电线、套管、配电箱等是有质量保障的。另外，水路改造完成后不要忘了做打压测试。

会超出预算很多。

三是找专业的水电公司员工会有电工证持证上岗。

四是虽然很多人觉得专业水电公司收费高，其实如果它能够真材实料，并请专业人员操作，那也算物有所值。如果装修公司收费低，材料给你用差的，你说哪个合算？再说，如果有的装修公司只按实际发生额收费，那绕线多走的米数说不定比专业公司多几倍。

水电改造设计最重要

不要急，永远不要急，租房的哪怕多租两个月，有房住的更别急，设计太重要了，不然像这种隐蔽工程要改的可能性不太大，除非你不怕砸砖拆墙重折腾。厨房和卫生间的水和电一定先设计好了，要装软水机、净水机、垃圾处理器的，水槽下面留插座，不留到用的时候装不了，等你想起来的时候没有后悔药卖。哪里放微波炉、哪里放烤箱，还可能有哪些电器，把位置想好了，尺寸量好了再定水电的点，不然改了等于没改，还多花钱。

一定做好事先的设计工作，别指望着水电设计师会提醒你之类的，我反复说，这家是谁住，谁就要操心，不然闹心的还得是谁。

如何设计水电

（1）网上多看别人的水电帖，别只看图，一定看文字，看看好的，也看看不好的，记下来，衡量对自己是否有用。

（2）提前看家具，记住尺寸。别只看样子，自己家具的大致尺寸一定要用笔记下来，不然，水电改造时你也不知道哪里留多高多宽，不能凭想象的，想象和现实差不少。比如，你的床大概是1.8米的还是1.5米的，床头柜大概是30厘米宽的还是40厘米宽的，心里得大致有数，不然由此涉及的插座问题、双控问题都可能会有遗憾。

（3）不该改的就别瞎改了，只改你觉得用得着的。

（4）弱电方面，说说网线插座和电话插座吧，现在的房子基本每个房间都有网线口，电话也一样，电话和网线插座比普通插

饿适们的美丽　前期准备　采购方式　预算　装修前期　装修中期　装修后期　装修后笔记　后记

座要贵很多，我觉得根本就没必要，电话和网线各有一个口就完全可以了。因为现在的家里通常都用无线路由，在哪个房间都可以上网，网线基本不用改，而电话也是大多都用无线的，都很方便。

（5）关于开关的设计，有人说越多越好，我看也未必，例如电视附近的插座似乎是再多也不够用的，但那样一排的插座不说花多少钱，关键也不好看啊，有两三个就够了，反正还是要接插线板的。不过厨房的插座就最好多一些，当然位置也很关键，不然用起来一样不方便。

小小唐家水电改造实例

首先必须说一下双控开关。关于双控开关，有泾渭分明的两派，有的主张装，有的主张不装，各有各的理由，而且都非常有道理。对待这样的问题，我个人的做法是，先问自己以下几个问题：

（1）这个房子我打算住多久？值得如此投资吗？5年，10年？或者一辈子也就它了？

（2）自己是个怎样的人？平时对待生活中"顺手"和"不顺手"的问题是什么态度，很在意还是无所谓？

（3）家里的其他人呢，特别是老公，他平时对类似的细节有没有什么要求？

（4）还有就是：钱，够不够？如果不够，是牺牲其他方面的预算，还是干脆就取消这项的花费？

我的回答如下

（1）这房子目前看来我至少要住10年以上（万一中了500万元买别墅单说）。

（2）我是个很在意"顺手不顺手"的人，而且非常在意。

（3）家里人（宝宝还小，先不考虑），特别是我老公，也是个注重细节的人，用他同事的话说是个非常注重生活质量的人，换句话说就是有点"好吃懒做穷讲究"。

（4）钱呢？我的钱也不多，而且还特别有限。怎么办？

初步结论：牺牲其他的预算，茶几或者餐桌先不买了，或者买个特便宜的先用着，等以后条件成熟了再置办。

最终决定：门厅和客厅用双控，卧室不用，因为卧室不大，床头灯就很方便了。

水电路的改造经验总结

 电路改造

（1）玄关的灯要设计在一开大门不用脱鞋一伸手就够得着的地方，省得摸黑换鞋或者穿鞋往里走才能开灯。

（2）玄关和客厅灯做双控很方便，省得换完鞋要回去关玄关的灯，然后再开客厅的灯。

（3）特别狭长的走廊、跨度大的客厅要做双控。

（4）鞋柜上预留手机充电器的插座会感觉很方便。

（5）餐厅的吊灯要事先根据餐桌的位置和大小综合考虑其位置。

（6）餐区预留两个插座，人多的时候可以吃火锅、铁板烤肉等，省去接线板。

（7）儿童房特别要注意开关要分别控制，不能与主照明共用一个开关。

（8）厨房装烤箱，最好单独引线，省得以后不能同时使用大功率的厨房电器。

（9）厨宝、垃圾处理器预留的插座，开关最好设计在操作台面上，省得每次使用要弯腰开水槽的柜子门。

（10）主操作区要装吊柜灯，很实用。但要选择光源不外露的，不然刺眼。

（11）常用的电饭煲、咖啡机、面包机、电热水壶最好有固定插座，面板带开关，省的老拔。

（12）其他电器，如抽油烟机、洗衣机、灶台、烟感器、热水器等要充分考虑电源位置的合理性。

饿适们的美蘛

前期准备

采购方式

预算

装修前期

装修中期

装修后期

装修后笔记

后记

图片实例：水改过程

管子运到场

先看这个，倒可以出水，知道是干啥用的不

开槽用的啦，可以降温

墙体开好的槽，要横平竖直，这点很重要，以后贴了砖，槽就看不见了，墙上打眼安装的时候可以准确定位管线的走向

这是工人用热熔的方式在接管子，保证滴水不漏。以我非常"不专业"的眼光来看，手法还是相当娴熟的

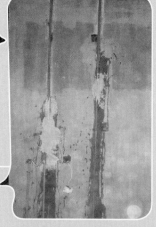

管子上墙固定的效果，不错吧

一切都完成后，是最后验收的步骤：打压，8个压，30分钟减少不超过0.5就OK。水改结束

餓遢的美丽

前期准备

采购方式

预算

装修前期

装修中期

装修后期

装修后笔记

后记

图片实例：电改过程

水平尺出场，横平竖直

水改造前后一般两三天，若地面上有标示管道区，则不能钻眼固定，只好用水泥固定

变电箱，因为在厨房装了烤箱，因此单独引了四开的线到厨房

水电改造主要还是为了功能使用上的方便。唯一注重装饰效果的电路改造是在宝宝的房间：除了用于主照明的吸顶灯外，天花板上还装上了星星月亮灯，而这个是需要与电路改造配合的。单独走了三开的线，一路控制主照明灯，另一路控制月亮灯，还有一路控制两个星星灯。虽然多花了一点钱，可是感觉宝宝会喜欢，所以这钱也花得是心甘情愿

（13）灶台区有时候也要用到电源，如烟雾报警器。

（14）主要的操作区域要多留电源插座，绝对浪费不了。

（15）卫生间一定要有镜前灯，很方便。

（16）浴霸装在偏淋浴区的位置更实用，但是也不要离花洒太近，

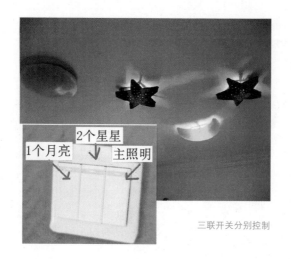

1个月亮　2个星星　主照明

三联开关分别控制

不安全。

（17）浴霸的开关尽量靠近淋浴的区域，不要放在卫生间门外，不然操作很不方便。

（18）一定要有单独的卫生间照明，不要用浴霸的照明或者镜前灯来代替，特别是暗卫，根本不够亮。

（19）建议马桶边上留个电源，万一以后要装智能坐便圈呢。

（20）想着留剃须刀、电吹风的电源，要带防水盒的。

（21）洗衣机放卫生间的话，电源和进水口最好高于洗衣机或者在旁边，不要在正后边，要不洗衣机贴不了墙，不太好看。

（22）等电位最好不要封死，毕竟关乎安全。

（23）卧室的顶灯不必双控，床头柜的台灯很好用，而且日后可以用遥控灯来代替。

（24）电话线一般开发商在每个房间都会预留，就算不留，可以用无绳电话代替。网线可预留。

（25）电视背景墙（客厅和卧室）可都预留网线，美好的网络电视时代就在眼前了。

（26）储藏室要装个排风扇，好通风换气，有窗户的不用（见图①）。

（27）储藏间也要留一个插座，给电熨斗或立式的蒸汽烫衣机使用（见图②）。

（28）阳台可留两个插座，主要的考虑是将来放水景盆景、圣诞树什么的。

（29）犄角旮旯将来可能放落地灯的地方想着留插座（见图③、图④）。

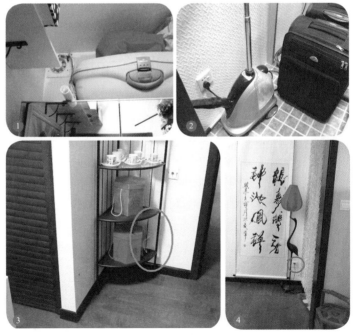

这个角落有可能用来放落地灯，就留了插座

龟鹤灯的位置是早就想好的，所以插座留得底气很足

地漏

记得干区留个地漏

小花洒可以很方便地冲洗马桶的外边和干区的
地面，打扫卫生很方便

🔸 水路改造 🔸

（1）厨房水槽、卫生间手盆、花洒、洗衣机等一般常规的要考虑好。

（2）洗衣机放厨房的话要选择有上排水功能的，厨房一般没地漏。

（3）马桶边留2路净水、1路中水。中水冲马桶，1路净水给小
花洒，方便打扫如厕区的卫生，包括地面和马桶外边；1路
给智能坐便圈预留。

（4）卫生间最好干湿分离，记得干区要留个地漏（见上图）。

（5）强烈推荐留个专门的拖布池＋水龙头，拖布池很实用，我不
用拖布池洗拖布，主要是倒脏水用，特别是喜欢泡脚的同学
（有个网友曾发帖问大家洗脚水往哪里倒，一般是马桶，不过
还要再冲水，我看了后毅然决然地选择安装个拖布池）。

（6）十分推荐卫生间双台盆的概念，超级实用。

私家秘籍

（1）拆旧的时候要交代清楚，不要拆多了。

（2）水电改造要检验用的管子，用脚踩切口的地方，不变形的才是好管子。

（3）水路接口热熔的时候要"无旋转"地插入才行，如果旋转了，很容易堵塞，日后水路出水可能不冲。暖气管子也有这个问题。

（4）水路一定要打压，打压合格后如果又做了很小的改动，要坚持重新打压。8个压30分钟，时间上要保证，不能10分钟不掉压就觉得没事了，有的地方漏的可能很小，不会一下子就掉压的。

（5）水电改造应坚持：水走天，电走地，尽量不开横槽。

（6）一定自己拍照存底儿，越细致越好。施工方的改造图在后期电器安装的时候根本不实用。

（7）水电路上，开发商的东西不靠谱，可能会有死线，对原始线路要全面进行检查。

7.2 瓦工、木工

小小唐：瓦工

瓦工的活就是贴瓷砖，在贴瓷砖之前还可以做一件事，就是"下水管道隔音处理"。

可使用隔音棉，费用不高，技术要求也不高，自己就能做。这样做可以防止温差导致的结露，更关键可以降低下水管道噪声，特别是主卧里有卫生间的，建议做这样的处理，要不大清早的，楼上的一上厕所，你的美梦就被惊醒了（参见 p.86 图）。

贴砖前还有一件重要的事情要做，就是"防水"。

防水不建议外包，防水也算是施工的一个利润点，水电已经分出去了，防水也分出去的话，施工队赚什么呢？外交上有句话：要照顾彼此关切，我看装修也适用！做防水前要打扫干净，特别是犄角旮旯的地方，管道后边的墙角尤其注意。同时，保护好地漏，可以用塑料袋装上沙子扣上，袋子厚点，别漏沙子。柔性防水用料比刚性防水的效果要好，也就是膜状防水好。

一般刷 2 遍就可以了，横着一遍，干透了，然后竖着一遍。干湿分离的淋浴区返高 1.8 米，干区返高 30 厘米就可以了。地漏周围也重点加强地刷一刷。厨房的防水一般不做，但担心的人做下水管道可用轻体砖包起来，管道根部和地面接合的地方往往不好刷，先用水泥做个坡，没有死角了，就容易多了。闭水试验老老实实地做，理论上是

包了隔音棉的立管用轻体砖包起来，
再贴上瓷砖，隔音的效果就更好了

冒大泡

先把砖泡水

厚厚地抹上水泥，应该没空鼓

上墙

找平（这是阳台上的部分），先在比较高的地方贴一块小的，用靠尺比画着贴，这样就容易贴得平整

卡上小十字卡子

特写一个，瓷砖的阳角用的是磨边碰角的处理方法，未采用现成的阳角线

厨房墙砖整体的效果

阳角的处理，稍微有一点缝，要不是有尺子肯定看不出来的，不过说实话，在完全靠瓦工师傅的技术，没有什么可以借助的科学器具的情况下贴成这样，已经相当的不错啦

厨房的阴角处理得t错，用最简单的检测具——就地取材的钅来检测是不是90度。不错，不会影响橱材安装。不然，将来装柜很可能就有麻烦至少美观上会大打折

锇逃们的美丽

前期准备

采购方式

预算

装修前期

装修中期

装修后期

装修后笔记

后记

阳台的地砖效果

阳台角落的瓷砖

这是后期墙砖、地砖、橱柜的整体效果

卫生间的砖

马桶小花砖

72 小时。实际上很多施工队 24 小时就行了，和楼下的邻居打好招呼。闭水试验成功了也不要大意，后期的保护也很重要。

隔音棉包好了，防水也做了，终于该贴砖了。

先拿大浴缸泡着"出气"，大约半小时，基本不冒泡了就可以上墙了。

私家秘籍

（1）进场的水泥要验收一下，品牌、出厂日期、标号（325就行）都要看清楚。

（2）沙子要筛，不筛的瓦工是不负责任的瓦工。

（3）墙体一定要拉毛。

（4）贴的时候瓷砖用一包开一包，没有开包的瓷砖是可以退的。

（5）瓷砖除了正面的颜色花纹外，

也要看后边的纹路，纹路深的好些，和拉毛的道理一样，越粗糙贴得越牢固。

（6）瓷砖贴前一定要泡水，泡到不冒气泡就行了，一般30分钟左右，太长时间也没太大意义。

（7）泡过水的瓷砖上水泥砂浆前背面不要带太多的水，尽量沥干点，也是为增大摩擦。

（8）水泥和沙子的配比很重要(1:3)，并不是水泥越多越好，水泥和砖的收缩系数不一样，太多水泥的话砖日后容易裂。

（9）墙砖可以稍微差点，地砖一定要好点儿的，要不常走的地方几年后就磨白了。

（10）卫生间的砖一定要用"墙压地"的贴法。不然地面上的水容易从墙地交界的地方渗到墙里。厨房就不强求了。

（11）铺法看师傅的习惯吧，先贴墙砖，把靠地的一圈留着，地砖都铺好了，再补上。也可以直接先铺地砖，等能上人了（刚铺的地砖不能上人）再铺墙砖，但是要注意保护好地砖。以卫生间地面→厨房地面→卫生间墙面→厨房墙面的顺序可以节省工时。

卫生间墙压地

（12）瓷砖阳角的处理，很多人推崇45度碰角的贴法，但其实用阳角线也挺不错的，没有死角，比较圆润，关键要注意阳角线和瓷砖的颜色搭配问题，阳角线好像只有白色的，配深色瓷砖有些突兀。

（13）采用磨角的贴法时在后期安装打眼的时候，电钻会把填缝剂给震掉，所以还要补点才好看。

磨角

阳角线

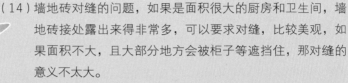

（14）墙地砖对缝的问题，如果是面积很大的厨房和卫生间，墙地砖接处露出来得非常多，可以要求对缝，比较美观，如果面积不大，且大部分地方会被柜子等遮挡住，那对缝的意义不太大。

（15）如果要对缝的话，在选择墙地砖的时候要考虑到规格问题，尽量要好对些。对得不规整总差一点儿的情况还不如不对呢。

（16）还有就是视觉落点处（如一进门第一眼看到的地方），应尽量避免出现窄条。计算准确的话，铺出来的图案非常完整、漂亮。

（17）瓷砖的空鼓问题一定要事先说清楚，还是那句话，以不卑不亢的态度和工长、瓦工把丑话说在前头，量不超过5%，不然就返工。

（18）空鼓如果在瓷砖的边缘、面积不大的话，还可以凑合，如果在瓷砖的中间、面积很大的话，要返工重新贴。

（19）厨房的阴角要特别叮嘱尽量90度，可以告诉师傅边贴边用瓷砖的直角来调校，因为如果不是直角，很容易给以后安装橱柜带来麻烦，柜子都是机器出来的，都是很直角的直角。

（20）没有十足把握，不建议在厨房使用花砖和腰线，特别是小厨房，后期安装的东西太多，一个不留神你的花砖和腰线就被遮挡了，花了大把的银子，效果又不理想，很郁闷

看那圈花砖，好看是好看，但是在窗户的地方还是断了，很大的遗憾。况且将来厨房真的用起来，台面也不可能这么干净，堆这堆那的话花砖的效果也会有很大的折扣（网友图片）

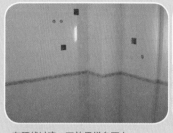

有腰线过渡一下效果增色不少

冷色：上浅下深

暖色：上浅下深

墙地一色的卫生间

墙地一色的小瓷砖卫生间

的。清一色的瓷砖可以后期用墙贴、水移画来装饰，效果也非常好。

（21）如果已经选好了橱柜的主题颜色，那买厨房瓷砖的时候要考虑到搭配的问题。如果还没考虑橱柜的颜色，那就买最保险的颜色，比如米色。瓷砖，毕竟是房间的底色，在颜色选择上要保守，不要冒险。非要用另类的颜色，最好能找到效果图片做参考，这可是肺腑之言（见上图）。

（22）厨房、卫生间瓷砖都尽量选择浅色的，显得空间开阔些，也亮堂。厨房别用哑光，将来油污不好清理，还是亮光的容易擦干净。

（23）尽量别选择小方砖，增加很多铺贴成本，如果想要类似的效果，可以选择一块大砖带有小格子砖效果的。

（24）卫生间相对好掌握一些，可以根据个人的喜好适当使用花砖和腰线，但也要提前算好面积。

（25）不建议使用渐变色的瓷砖，特别是小厨房、小卫生间，受到欣赏距离的限制，容易显得特别"乱"，也有的显得"不干净"。

（26）厨房和卫生间最好不要选择白色的地面，稍微有点毛发、水印时特别明显，不显干净。

（27）留花洒出水口的时候，瓷砖上的洞请师傅尽量开小些。不然等装混水器的时候难盖住，影响美观。

还好是在下面，否则真的很难看

（28）早早买好地漏备着，不要等瓦工跟你要了再匆忙去买，万一心中又没谱，买得不好，那就留下后患了，小地漏也是大角色呢。

（29）地漏主要有水封和机械封，防味的话肯定是水封的好。还有深水封＋机械封的，从使用的效果来看，还不错。但深水封的问题是下水的速度，据说太阳花洒用深水封地漏很不痛快，很容易地面蓄水。

（30）洗衣机地漏不要选择深水封的，容易因为漏水速度太慢导致反水。

（31）最后和瓷砖地漏有关的是：坡度。干湿分离的卫生间地面贴砖要分别找坡，嵌地漏的那块砖尽可能从四角裁开找坡。

（32）过门石的尺寸是瓦工师傅算，和师傅交流好，如果过门石将来靠扣条和地板衔接，可以适当把过门石靠扣条的那边少算点，将来扣条可以和门套线平齐，比较好看（见下页图）。

我们的美丽家园
前期准备
采购方式
预算
装修前期
装修中期
装修后期
装修后笔记
后记

地板的扣条有点突出了

要是当初叮嘱瓦工把过门石往里点，扣条和门框平齐就更好看了

（33）最后补充一条，斜铺的小砖最好有个"边框"，这样视觉上会非常美观。

没有边框的效果

加了边框的效果（网友图片）

特别提醒

　　买瓷砖时一般销售都会故意给你少计算面积，为的是让你再来补砖，如果你当初没有在合同上写明按照最初的价格补砖（一般都没经验要写这条），等补砖的时候销售就会说"涨价"了，你只能是干瞪眼着急，一点办法也没有。所以要多买，在合同上写上"没开包的可以退"，或者写明"补砖按照原始折扣收费"。

　　瓦工阶段，还有一件事情，就是如果换入户门的话，就要在这个阶段进行。好处嘛，先卖个小关子，最后再说哈。

我
们
的
美
丽
家

前
期
准
备

采
购
方
式

预
算

装
修
前
期

装
修
中
期

装
修
后
期

装
修
后
笔
记

后
记

防盗门

（1）防盗门也有很多学问，但是我觉得不用花心思研究，就选成熟的品牌的就行了，凡是可以在市场上卖的，基本都能达到公安部门要求的防盗功能。就那么几个牌子，挑挑颜色、式样和价格就可以了。

（2）防盗门我推荐带通风窗的，我家的本来质量和样式都是很不错的，但是就是铁板一块的那种，不通风，我就是因为这个原因给换了。小窗一开，风呼呼的，室内空气流通得特好。还有个附带的好处：有人按门铃，我一般先开小窗，什么物业的、楼道打扫卫生的，可以隔窗对话，听得清楚还能看见人脸，比看门镜隔门对话要舒服。

（3）听同学提醒说有小窗的防盗门防盗的性能会下降，但是我觉得不用太在意，国家规定的好像是 30 分钟小偷撬不开，我觉得这个小窗也就能为小偷节省 5 分钟的时间。算了，比起通风的需求，我就不理会小偷用的时间长短了。况且我们小区的安保是很不错的，而且是非常不错的。

（4）防盗门一定要朝外开。这是防火上的硬性要求，就是人在房间里，如果发生火情，防盗门热胀冷缩，容易打不开，往外开可以从里面用椅子之类可以借用的东西强行撞击开，成功逃生。

防盗门的小窗，通风透气效果很理想

（5）往外开玄关的空间还显得宽阔。

（6）题外话，防盗门的 A、B 钥匙一定保管好，别不小心用错了，回头装修完还要换锁芯。

在贴砖的阶段换防盗门的好处：换门时门洞上凿得坑坑洼洼的可以请瓦工师傅用水泥给修补修补，油工也可以修补，但一般都是用腻子，不如水泥结实。所以如果换门，一定要趁早换，但是要注意好新门的保护。真的见过网友家好好的新防盗门因为保护得不好，到了最后变旧门，还碰得坑坑洼洼的。

瓦工阶段还有一件小事情要特别留意，那就是空调孔的高度问题。

自家的房子一定要观察一下自己家空调孔的高度，现在开发商都给打好孔了，但是也要自己仔细看一下。

开得太低了，还好，就是将来空调的管子露在外面的特别多，不好看。怕就怕开得太高了，那就不是难看不难看的问题，而是能用不能用的问题了。

我朋友的遭遇：都装修好了，墙上和我家一样也贴了海吉布，家具进场，一切大功告成。等安装空调的时候，师傅到了现场才发现空调孔距离屋顶太近了，没有落差，空调的冷凝水不能顺势流出来，没办法安装。如果重新打孔，原来的孔留在墙上难看不说，关键是打孔要用水钻，海吉布的墙面就会变花了，要重新处理墙面，非常烦琐。最后只好把顶角的石膏线切掉一块，勉强把空调装上了，不过坡度还是很小，不好说会不会影响使用。

我测量了我家的空调孔，到石膏线的距离大概是 40 厘米。一般空调最宽也就 30 厘米左右，有 10 厘米的落差就很保险了。

如果发现空调孔开得太高或太低，最好在贴砖的阶段就改好，原来的孔可以请瓦工师傅用水泥堵好。

103

俄适们的美丽

前期准备

采购方式

预算

装修前期

装修中期

装修后期

装修后笔记

后记

椰蓉球家十字镜柜实例

十字镜柜完全是一见钟情。

先买了7张全富的E0级无醛大芯板，油漆等是拜托施工队去买的。

工序 A1　首先木工，柜体很容易，轻车熟路的，不到一天就做出来了。

工序 A2　柜门就费劲了，按照设计的，是用小电锯从一块整板上把镂空的部分抠下来，但十字交叉的中间部分一个约6厘米的圆形做得不够精细。

工序 A3　然后轮到油工，打磨、上原子灰、再打磨，把木板的一些毛刺去掉，同时使柜体更平滑。

工序 A4　再打磨柜门，想到在木雕店见过的小圆片，于是立即跑去买了8个，先让油工用乳胶粘在节点上。

 工序 A5　打磨完成后，就上底漆了。

 工序 A6　最后一遍面漆。

 工序 A7　然后油工撤，又换成木工，装门、装镜子。镜子是在外面的玻璃店订购的，此处的4块再加上卫生间的3块一共100多元完成！

细节：小圆片还是很不错的！

献给我们的美丽家园

前期准备

采购方式

预算

装修前期

装修中期

装修后期

装修后笔记

后记

钱小白家超强木工实例

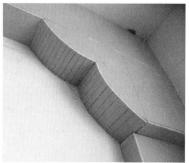

细致的燕尾造型，手艺了得

砖纹鞋柜。地中海白色砖墙的感觉，用石膏板抠槽的办法实现

港湾造型的吊顶

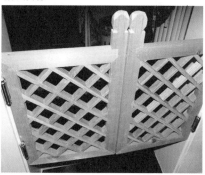

自由门。把防腐木条劈成细条，然后每隔一段锯个槽，相扣在一起

飘窗

8 油工

该油工上场了，上场前奏是铲墙皮和找平。

墙面的处理程序：铲除沙灰墙到水泥层→粉刷石膏粗找平（顶面防裂处理）→腻子细找平→打磨→刷基膜→贴海吉布→刷面漆

刷面漆的步骤：腻子打磨→刷墙锢（界面剂）→底漆＋两遍面漆

贴海吉布的话基本上没有墙面防裂处理的工序，如果只是刷面漆，一定要注意这个步骤，特别是使用的材料的好坏。

（1）找平用的材料，特别是粉刷石膏，根据合同应核对品牌型号。

（2）腻子也是，特别是大众品牌，假冒的多，该打防伪电话的一定要打。

（3）油工是个细致活，工人的责任心很重要。我们能做的是：用各种方式让油工师傅知道"我"注重细节，这样他也会相对上心。

（4）一定和师傅交代好是否包门套、窗套的问题，这牵涉门窗阳角部分的处理和后来费用的计算，先说清楚了避免以后麻烦。

（5）墙面漆的选择：

A. 整个房间的颜色不要太深，浅米色、奶油色等保险色做基础色。

B. 最好一面墙为其他色，这样有增加"景深"的效果，但色彩也要柔和，亮度不要太高，不然以后看久了就觉得刺眼。可选择电视墙为"另色"，因为选择北欧风格装修，而"墙面色块"是北欧风格的一个常用手法。

C. 选择油漆色号的时候，色卡上看中的颜色，实际刷出来会比那个深

饿适们的美家丽

前期准备

采购方式

预算

装修前期

装修中期

装修后期

装修后笔记

后记

这是油工胡师傅在施工呢，看着跟瓦工活似的，但瓦工师傅说了，真让他们干这活，他们可干不了，主要是这东西太黏了。油工师傅也说刮这个他没问题，但要是换成水泥砂浆，那就瓦工师傅能干了，他也干不了。多有意思，看着都是拿个抹子往墙上抹东西，却是完全不相干的行当，还是老话：隔行如隔山呀！

防裂胶带贴在开槽的地方

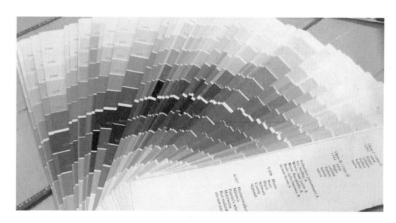

很多，所以应选比色卡上看中的颜色浅一号的颜色，上墙后就是你想要的颜色了。

D. 千万注意油漆的兑水率问题，很多油工贪图"好刷"，多兑水，这样很影响漆膜的厚度和日后墙漆的耐擦洗程度。

E. 两种颜色交界的地方要用美纹纸，千万避免交界处"不清不楚"的。

F. 做好暖气的保护，最好包严实，不要弄上很多油漆点，增加日后清理的难度。已经装好窗台石材的要把窗台也包好，别落上油漆点。

G. 有人习惯留一遍面漆最后刷，这个因人而易，一次刷完也行。

专题：海吉布

说海吉布前，我们先要说说玻璃纤维壁布。玻璃纤维壁布就是用玻璃纤维织成的壁布，玻璃纤维是由石英制造而成的。因为编织手法的不同而产生不同的纹理效果，这种纹理效果不是平面的，而是有一定的立体感。通俗比喻的话，就是常见的编织袋的感觉。

玻璃纤维壁布，或者简称"玻纤布"，有很多品牌，大部分来自欧洲。大家熟悉的宜家样板间，墙面上贴的就是玻璃纤维壁布，宜家用的是瑞典的斯堪迪斯品牌，这个也是世界玻纤布行业的龙头品牌。

海吉布，其实就是玻璃纤维壁布，是由奥地利的海吉公司生产的。海吉公司把自家公司生产的玻璃纤维壁布进行了商标注册，所以海吉公司的玻璃纤维壁布叫"海吉布"。如果不是海吉公司生产的，就不是海吉布了。

所以，严格地说，宜家的样板间贴的不能叫"海吉布"，而只能叫玻纤布，或者更通俗点叫"刷漆壁布"。但是，由于海吉布的名声在外，大家似乎并不严格地区分是哪个公司生产的，常常混为一谈地说成"海吉布"。

典雅系列的 69630 海吉布，有点像中式风格中说的回字纹，正面和反面的差别基本不大

典雅系列的 69600，反正面的差别就非常明显了（左为正面，右为反面）

锇逊们的美丽家丽

前期准备

采购方式

预算

装修前期

装修中期

装修后期

装修后笔记

后记

海吉布有以下几个特点

（1）A级防火。由于海吉布的主要成分是石英，有很好的阻燃效果，所以海吉布的防火性能非常优越。

（2）纤维本身无害，也就是说，海吉布本身是非常环保的。

（3）有很好的透气性，这个可以防止墙面变潮发霉。

（4）耐酸碱腐蚀。

（5）抗静电（很有体会，墙面没有静电，明显减少了灰尘的吸附）。

（6）抗裂，而且几乎是一劳永逸的。

（7）海吉布的低调的纹理，增强了墙面的质感，从而提升整个房间的视觉效果。

提到海吉布，很自然地就会想到：海吉布和壁纸有什么区别？

（1）除了海吉布和壁纸在本身材质上的区别外，海吉布和壁纸相

铺贴过程：

①按照房间的高度裁好备用
②刷基膜，基膜稍微有点味道，不过很快就干了
③基膜干透后就可以上胶开始贴了，贴的时候要对好花纹
④接缝的地方重叠一点，用刀子在重叠的地方按照花纹垂直划一刀，把多余的边去掉，这样花纹就完全对上了，几乎看不出来
⑤用刮板把气泡刮出来

卧室最后的效果，总体上浅淡清新的颜色

    比最大的优点在于不会在对接的地方开裂。海吉布和壁纸都
是用胶贴在墙面上的，但海吉布的表面是要刷漆的。所以在
接缝的地方，壁纸因为是裸露在空气中，时间久了，接缝处
的胶容易氧化，接缝就容易开。而海吉布因为有面漆的封
闭，所以接缝处不容易开胶。

（2）和海吉布相比，壁纸的效果属于比较招摇的，花色绚丽。而
海吉布只是简单的编织纹理，就视觉冲击的层面而言，海吉
布就逊色多了。但是，我个人看中的正是海吉布这种低调的
纹理感。况且壁纸的选择需要一定的经验，若有闪失，容易
选错，弄巧成拙。而海吉布基本上不存在挑选失败的风险。

（3）海吉布的费用＝贴壁纸＋刷漆，是两项费用的和，有点费钱。

（4）海吉布的翻新相对容易，只要重新刷表面的漆就可以了（后
刷的颜色要能盖住之前的颜色），而壁纸如果翻新的话，就
只能重新贴了。

海吉布的分类和价格

海吉布分为不同的系列：经典、典雅、豪华，还有只在 T 系列的，T 系列不是特大众的，展厅看到的，大体上 70 元／平方米。经典系列，是起步的系列，也就是最便宜的，大体价位在 26 ～ 50 元／平方米，典雅系列的大体在 50 ～ 80 元／平方米，豪华系列的价格更高，这个价格只是海吉布本身的价格。

海吉布的铺贴步骤大致如下

（1）墙面做好基础处理，刮好腻子打磨好，刷基膜。

（2）滚胶，最好是淀粉胶，比较环保。

（3）贴布，主要是对好花纹。

（4）刷面漆，通常是两遍。

海吉布本身在设计的时候是有反正面的，反正面的不同仅仅是花纹不同，其他的功能方面反正面都是一样的，关键看个人的喜欢。

电视背景墙的绿色，刚刷上的时候感觉有些绿，感觉比色卡上看到的要绿。
后来慢慢地变得有些黄，和色卡上的颜色几乎一样了

装 修 中 期

METAPHASE

1**2** 壁纸

知识点和窍门

● 墙面材料本身不能过于抢眼，墙面装饰材料要甘当配角
● 带有明显立体几何或花朵人物图案的墙面装饰材料，不适宜整个房间满铺，只适宜作为某个局部的背景墙或是局部装饰
● 壁纸本身的环保性能是100%优于墙漆的，但是在铺贴壁纸时的辅料有讲究
● 大部分国产和进口纸的规格是每卷5.3平方米，即0.53米×10米。有些韩日进口纸每卷16平方米，还有一些其他规格
● 因为壁纸是成卷出售，并且要考虑到对花等要求，最终你需要购买的壁纸数量可能远远高于你家实际的铺贴面积

辅料

　　铺贴壁纸的辅料主要包括基膜和胶粉。

　　基膜是纯化学的物质，铺贴壁纸的过程中最不环保的一环就在这里，涂刷后味道比较大。基膜的作用是隔离腻子与胶粉，保证墙面基础不会与壁纸、胶面产生反应，以后如果想更换壁纸的话，直接撕下来就可以，不会损坏墙面基础。

　　胶粉是用来把壁纸粘贴在基膜面上的。购买时是一袋一袋的粉末，铺贴时兑水就成了胶。现在的壁纸胶粉都是土豆粉，有点像小时候说的"糨糊"，环保性是没问题的。

　　上述两项辅料卖壁纸的地方都有配套出售的，分大小包装。

施工价格

　　壁纸铺贴的施工价格还是挺透明的，各处差不多。以每卷5.3平方米的壁纸计算，一般是铺贴人工费每卷30元，加上辅料的材料费每卷40元左右，即全套施工每平方米8元左右。

壁纸的规格

　　大部分国产和进口纸的规格是每卷5.3平方米，即0.53米×10

锇邇的家丽

前期准备

采购方式

预算

装修前期

装修中期

装修后期

装修后期笔记

后记

四种花色，依次铺贴客厅大面积、电视背景墙、主卧背景墙、次卧背景墙。一共 22 卷

米，有些韩日进口纸每卷 16 平方米，还有一些其他规格的。

壁纸的挑选

　　这是最令人头疼的事情了，因为选择太多，反而不易决定。首先，确定家装的风格（我家是简欧），挑选壁纸时直接对销售人员说要看什么风格的壁纸，选择面就会小很多；其次，确定品牌（或锁定门店），经过初期的扫荡式考察和比较，确定一两家值得信任的品牌或门店，这样会大大降低挑选难度；最后，确定价位，估算一下自己的预算和铺贴面积，可以得出大致需要的壁纸价位，直接跟销售人员说，又可以节省很多挑选时间。

壁纸用量的计算

　　这有点复杂，并不是简单的计算好要铺贴的墙面面积就可以了。因为，首先，壁纸是论卷卖的，包括施工费，也是按卷收取。如果你的墙壁面积是 6 平方米，那你必须买两卷 5.3 平方米的壁纸，而不是 1.2 卷。其次，如果是图案比较大的壁纸，考虑到对花要求，损耗就比较大。最终你需要购买的壁纸数量可能远远高于你家实际的铺贴面积。

椰蓉球家壁角贴实例

辅料，从左到右分别是基膜（1大桶）、胶浆（5桶）、胶粉（6盒）

给壁纸上胶、剪裁的机器，卫生方便，刷胶均匀，很先进

先把墙刷上基膜（基膜＋水）

把胶粉、胶浆和水搅和在一起

把和好的胶倒在机器下方的胶盒子里

把一卷壁纸放在机器上，设定好裁剪的长度，开动开关，滚轮转动，胶就均匀地涂刷在壁纸上了。到了设定的长度，机器就自动停下来，然后用裁纸刀一裁，一条壁纸就OK了

然后就是铺贴了，其实很快。先把一大条壁纸拎起来，和顶端的石膏线对齐，找好水平，然后用板子赶气泡，再贴另一条，接缝的地方用小碌子擀齐就可以了。这是主卧

客厅背景

次卧局部

地板 2

知识点和窍门

选地板还是地砖要根据房屋的大小、格局，家庭成员的情况来决定

从材质来说，目前市场上常见的地板分为强化复合、实木复合及实木地板三大类，其价格基本是依次增高，除此之外还有竹地板

可以顺光铺（顺着照射入居室的光线的方向），也可以顺长铺（顺着居室较长方向铺装）

地板是"三分产品、七分铺装"，铺装的好坏对效果影响非常大

很多朋友为地面到底是铺地板还是铺地砖犹豫，有人则干脆选择了客厅地砖卧室地板。其实，选地板还是地砖要根据房屋的大小、格局，家庭成员的情况来决定。

（1）小空间最好统一地面材质。如果房子不大，咱就别折腾了，统——种材质就行了，不然别说单独购买一小部分的瓷砖或是地板拿不到合适的价格，就单说这个地砖和地板找平时的尺度就够让瓦工挠头的，毕竟留的尺寸不够，你这房子里高高低低的，你还不得骂他。另外，小空间统——种材质，也容易显得空间大，本来不大，分来分去就更显小了。

（2）强化复合地板不一定比地砖贵。有人选择地砖是为了成本考虑，这你就又错了，你想想，这地砖还有个铺贴费用呢，你得把这个钱算进去，地板一般没有施工费用，除非个别厂家，或是实木地板。而且现在有的地砖也并不便宜。

（3）地砖和地板的清洁难度大致相当。别以为地砖就不用打扫太勤，浅色地砖，掉根头发比地板看得更清楚。所以这二者在清洁难度上并没太大的区别，浅色深色都各有利弊。浅色容易看到污垢，深色容易看见灰尘，都差不太多。

（4）强化复合地板和地砖的耐实程度相当。我家用的是强化复合地板，就当地砖一样用的，没刻意地呵护过，桌子什么的也是来回在地上拖，很皮实，真不容易出划痕。这个不

用太过于担心，现在的强化复合地板技术很成熟，很多厂家可以达到这个标准。

（5）环保性。在这个问题上还是要注意一下，要找一个相对放心的品牌，不论强化复合地板还是地砖都一样要注意这个问题，别觉得地砖就很安全。

（6）家中有老人孩子还是强化复合地板更合适。地砖其实对于有老人的家庭来说并不安全，因为地砖遇水就非常滑，老人因此摔跤的不在少数。有人觉得家里有孩子就要用地砖，怕孩子随地小便，不好收拾。其实强化复合地板并不怕水，只是怕水泡，如果遇水，马上清理掉，也没有任何问题。而且小孩子喜欢在地上爬，如果铺地砖，大人未免会觉得太凉，让孩子受委屈，如果是强化复合地板就感觉好了很多。

地板安装的注意事项

怎么铺的问题：一般的原则是"顺光顺长"，就是板子的长边顺着屋子里的光线走，同时最好也能顺着房间长宽里相对长的那个方向走。如果顺光顺长也都办不到，就顺经常走动的方向铺。房间里人一般怎么走就按那个方向铺。

这样做的好处有两个：

我们的美丽家

前期准备

采购方式

预算

装修前期

装修中期

装修后期

装修后笔记

后记

（1）视觉上纵向感觉会好，看着舒服。

（2）对地板的保护更好些。走路的时候，人对地板是有作用力的，顺着地板走，地板的短边更多地承受和分解来自脚的力量，这样地板的缝隙不容易开。要是垂直地板走的话，长边的缝隙受力多，就是脚老搓地板，地板容易开缝儿。

我家的地板最后的铺法就是：顺长不顺光。

▲ 第一步：先把地板擦干净，主要是表面的浮尘要清理干净，偶尔有点胶啥的倒不要紧

▲ 第二步：喷洒精油，用拖把把精油涂均匀。精油要尽量喷得均匀，每平方米喷3~4下。用拖把轻轻拖过喷好精油的地方，一定要顺着地板的纹理，均匀用力，让精油充分渗入

▲ 第三步：稍微等一会，让精油充分渗入并滋润地板。用静电布再拖一遍，注意：这次要垂直于地板的自然纹理，目的是把地板表面多余的精油擦拭干净，一定要垂直纹理擦，这样才能起到很好的上光作用

铺好后过几天可以做个地板保养。

3 门

知识点和窍门

● 木门大致分为纯实木门（内外全部是实木材质）、实木复合门（外表贴木皮，内芯为实木齿接板）及模压门（一体成型，全复合材料）

● 木门制作周期约一个月，因此要提早测量，一般在水电改造完成后就可预约进行了

● 与地板类似，木门也是"三分产品、七分安装"的项目，要特别注意安装工人的素质和技术

● 木门成功安装的检测标准之一是不会"自开自关"，即木门可以停留在打开的任意角度，不会自行开合

（1）最好先装地板，这样门下边的缝隙装门的师傅就很好把握，可以尽量小，因而防尘、隔音又好看。

（2）为了踢脚线和门套、垭口的颜色相配，可以跟卖门的销售要一块色板，拿着去选踢脚线。

（3）先装地板后装门的话，一定要做好地板的保护，这点非常重要。找点大硬纸壳儿，垫在地上，注意把纸壳儿上的金属钉弄掉，要不人一走，一蹭，也容易把地板蹭花。

总的来说，TATA 的门，从样子、质量、工人师傅的手艺、态度和最后的效果来说，非常令人满意。特别是工人师傅，自己带大帆布铺在地上，所有的活都在布上做，这样既卫生也保护地板，最后还把所有的垃圾都带走。

餓訵的家㎞

前期准备

采购方式

预算

装修前期

装修中期

装修后期

装修后笔记

后记

木门按材料一般分为：实木门、实木复合门、模压木门、普通夹板门和免漆门。

实木门：顾名思义，就是用天然原木做门芯，经过干燥处理，然后经下料、刨光、开榫、打眼、高速铣形等工序加工而成，说白了，就是都是木头的。

实木门所选用的多是名贵木材，如樱桃木、胡桃木、柚木等。其天然的木纹纹理和色泽，透着一种温情，不仅外观华丽，雕刻精美，而且款式多样。实木门的市场价格从 1200 元到 3000 元不等，其中高档的实木有胡桃木、樱桃木、莎比利、花梨木等，而上等的柚木门一扇售价达 3000~4000 元。一般高档的实木门在脱水处理的环节中做得较好，相对含水率在 8% 左右，且具有良好的吸音性。

市面上的实木门为了节约成本，门边和码头一般都有指接现象，门芯板有横拼现象，漆面一般都为聚酯漆，门边和上下码头与门芯板接缝处（工艺缝）易出现油漆剥裂现象。

实木门受原材料性质及加工工艺限制造型及款式比较老土，不符合人们追求现代、时尚的趋势。

优点：自然环保、给人返璞归真的感觉。

缺点：价位高、受外界温度、湿度影响大。易变形、开裂。

实木复合门：门芯多以松木、杉木等黏合而成，外贴密度板和实木木皮，经高温热压后制成，并用实木线条封边。

一般高级的实木复合门，其门芯多为优质衫木，表面则为实木单板。由于衫木密度小、重量轻，且较容易控制含水率，因而成品门的重量都较轻，也不易变形、开裂。另外，实木复合门还具有保温、耐冲击、阻燃等特性，而且隔音效果同实木门基本相同。

实木复合门因其功能特点和价位适中，正在成为中档装修的热门选择。

模压木门：由两片带造型和仿真木纹的高密度纤维模压门皮板经机械压制而成。

模压木门以木贴面并刷"清漆"的木皮板面，保持了木材天然纹理的装饰效果，同时也可进行面板拼花，既美观活泼又经济实用。

模压木门还具有防潮、膨胀系数小、抗变形的特性，使用一段时间后，不会出现表面龟裂和氧化变色等现象。

一般的模压木门在交货时都带中性的白色底漆，消费者可以回家后在白色中性底漆上根据个人喜好再上色，满足了消费者个性化的需求。

模压木门采用的是机械化生产，成本也低，市场上的模压木门多在 300~500 元一扇。

夹板门：普通夹板装饰门以实木做框、两面用装饰面（三夹板、多层板及装饰夹板）板粘压在框上，经加工制成。这种门的质量轻、价格低，但造型呆板，家庭装修中采用此种产品的已不多见。

免漆门：也是复合工艺，其基材和门芯填充物相对实木复合门来说要差一点，门的造型是在密度板上一次性镂刻成型的，表面腹膜贴皮而成，所谓的膜就是一种 PVC，厚度在 0.18~0.2 毫米；门套是用大芯板在安装现场根据墙洞厚度锯裁，然后用胶粘上 PVC 饰面。

优点：价格较低、供货期短。

缺点：

（1）容易受湿度、温度和空气的因素影响，使表面产生开裂变形。

（2）表面易刮伤，而且不好修补，色泽不够饱满，没有光泽。

（3）表面的 PVC 膜时间长了易老化，档次低，寿命短。

（4）不可用坚硬的东西碰撞。

橱柜4

她选点橱窍门

橱柜种类繁多，根据门板的不同材质，可分为实木、吸塑、防火板、UV漆等，门板的材质主要照顾风格、美观的需要

橱柜柜体也有各种不同材质，目前应用比较多的包括露水河板（分为 E0 和 E1 级）、德国艾格板材等，柜体的材质主要兼顾环保的需要

橱柜的五金选项也是影响价格和品质的重要因素

橱柜的安装是个大项目，要注意，抽油烟机灶具要同时装，也就是预约两家的商家，要在同一日上门，共同安装

如橱柜台面为人造石，且需现场打磨的话，人造石的打磨会产生大量白色灰尘，要注意现场的粉尘防护

橱柜的定制周期需要 25~30 天，在水电改造、煤气改造完成后即可约橱柜厂家上门测量了

橱柜的安装，总结一句话就是：除了橱柜外，能装的都要先装好，包括插座面板、燃气热水器、烟雾报警器。同时，在装橱柜的同一天要同时约抽油烟机、烤箱和灶具的厂家上门一并安装。这样便于出现问题时多方协商，现场解决。

插播 烤箱、抽油烟机和灶具的安装。

安装橱柜的同时还要安装烤箱 + 抽油烟机 + 灶具

A 烤箱，没啥说的，装的过程非常的快。

燃气热水器的安装

总共的花费是 206 元，这是收费的明细

B 灶台面最好是全封闭的，这样万一潲锅什么的，也好清洁。

抽油烟机

推荐侧吸式因为它吸得干净，有著名的爆炒辣椒试验，据说几乎闻不到辣味。

安装抽油烟机烟管时，一定要在烟管的周围打上胶，不然万一密封不严，会有油烟跑到吊顶里，时间长了，吊顶脏不说，关键有油烟味，让人很不舒服

分解图示：

抽油烟机、灶具和烤箱都到位了，厨房基本大功告成了

进门左手边，高柜＋烤箱＋烹饪区

正对进门的窗户下是放洗衣机的地方，左边的小柜子将来放洗衣粉、柔顺剂等。然后转过来是进门右手边的洗涤区

水槽的右边是个弧形的造型，下面是空开的搁板，打算放电饭煲、烤面包机之类的小电器，台面上可以放咖啡机等

水槽旁边留了空开的一段，安了个宜家的拉篮，篮子下面放垃圾桶

抽油烟机上的吊柜

锇适们的美丽家丽

前期准备

采购方式

预算

装修前期

装修中期

装修后期

装修后笔记

后记

橱柜的安装

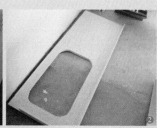

①柜体

②台面，开的槽是给灶具预留的，开孔的尺寸要根据灶具厂家提供的尺寸提前报给橱柜的厂家

③柜子都是组装好的，只要按图纸摆好就行了

④上台面，水槽我选择台下盆的方式，这个不能现场安装，要提前把买好的水槽送到橱柜的店面，请他们带到工厂安装。通常要收取 100 元的安装费

⑤有管道的地方现场开口，用锡纸包好

⑥台面打磨，厂家很细心，特意带了布帘来遮挡打磨的灰尘，免得弄得满屋子灰

⑦打磨好台面就该上面板了

⑧装好面板的效果

绝对私家秘籍

（1）台面的高度问题

人体工程学是很值得花心思的东西，怎么舒服，怎么不舒服真的很有学问。台面的适宜高度不是固定的，要根据操作者的身高来定。

以 165 厘米的身高为例，灶台那边台面的高度是 808，也就是 80 厘米。

尽管设计师说 85 厘米也挺好的，但是因为之前有实际操作的经验，所以还是坚持只做 80 厘米。

水槽那边高度为 910，也就是 91 厘米。

一般灶台和备餐台的部分低点，水槽的部分高点，这样舒服。

（2）用单盆还是双盆

推荐大的单盆，之前也用过双盆，最后结论仍是单盆，而且是大的单盆要好用些。 如果有大单盆旁边还带一块沥水板最好，但是非常难找，宜家有单盆带沥水板的，但盆的尺寸不够大。

双盆的好处就是那个小槽子可以直接堵上下水就洗菜什么的，但是洗起大锅就不太方便了，特别是蒸东西用的锅，很大，想洗洗锅外边会弄得哪儿都是水。 大单盆就方便多了，可以再准备一个塑料的小菜盆，放在大槽里，来泡水果什么的。

（3）台上盆还是台下盆

我的观点是台下盆好。台上盆不美观，也不好使。台上盆要用玻璃胶封边，刚开始新的时候看着还行，等时间长了，

玻璃胶容易变黄，有的还发霉。而且台面上的水不能直接推到水槽里，还要用抹布擦，打胶的地方还不好擦干净。

（4）台面前挡水一定要有

台面后挡水一般都有，但是前挡水也很重要。

（5）向上打开的柜子要用气撑

（6）事先考虑好放蔬菜和垃圾桶的地方

不是所有的蔬菜放冰箱都方便的。比如葱、姜、蒜、洋葱、土豆、胡萝卜，设计一个开放的拉篮，放上一个盒子，就可以了。

还有放垃圾桶的地方，在水槽下面虽也设计预留了垃圾处理器的开关，但不是所有的垃圾都适合用处理器，比如干蒜皮，还有厨房用的擦手纸什么的，所以厨房里垃圾桶一定要有一个。拉篮下面可以放垃圾桶。

（7）如果厨房放洗衣机，有两条原则必须遵守：

A. 不要离灶具太近。一是离灶具太近容易沾油烟，炒菜的时候就算有抽油烟机还会弄得哪儿都是，尽量离灶台远点。二是离得太近可能温度也太高，机器外壳容易高温老化。三是一般做饭的时候灶台区是最繁忙的地段，离得远点的话一个人在炒菜，万一另一个人要洗衣服也不至于互相干扰。

饿了们的美丽家

前期准备

采购方式

预算

装修前期

装修中期

装修后期

装修后期笔记

后记

B. 洗衣机尽量不要放在阳光能直射到的地方，机器外壳容易老
化变色，对机器本身也不好，影响寿命。

（8）小电器一般会用到哪些

A. 电饭煲，家家都要用，在电改的时
候就要选择有开关的面板，不用老
拔插头。

可以设计一个小弧形的台子，上面放
电饭煲，宽度是30厘米，这样的宽度一般
的电饭煲都能放下，下面空开的小搁板可
以放米箱和面箱，防虫子、防潮也晒不到
阳光，拿取方便。

B. 微波炉。可用专门的微波炉架子吊
在吊柜下边。

C. 烤箱。

我个人觉得洗碗机和消毒柜对中国人
来讲不太实用。在老外的厨房里常用是因
为老外喜欢周末开"Home Party"，他们

习惯请一大堆朋友来家里玩，女主人亲自烹调食物。所以客人走
后，会有很多盘子杯子要清洗和消毒，所以洗碗机和消毒柜就显得
必要了。

相比较来说，烤箱对中国人来讲相对实用些。

烤箱可嵌在高柜里。

一些小物件，强化厨房功能

（1）挂杆 & 折叠沥水架

长挂杆和 S 钩搭配，非常好用，什么都可以挂。折叠的沥水架，用的时候放下来，不用的时候折叠起来，还不占地方。

（2）粘贴挂钩

在烤箱高柜侧面用粘贴的小挂钩，用来挂隔热垫和隔热手套，特别是隔热手套，一是用烤箱的时候常用；二是端热锅的时候常用，正好离烤箱和灶台都很近，拿取非常顺手。而且窝在侧面，从门口还看不到，视觉上美观。

129

锇过们的美丽

前期准备

采购方式

预算

装修前期

装修中期

装修后期

装修后笔记

后记

厨房大总结

（1）水电路方面：厨房提前考虑好各种电器的摆放位置，尽可能具体到尺寸、规格、型号。每种电器对线路的要求也要十分清楚，如嵌入式烤箱的电源要在柜体的1米以内的范围，但是不能在正后方，如果不提前知道这些，很容易在电路改造时出问题；

（2）照明问题要考虑好，备餐区和烹饪区要分别考虑；

（3）小厨宝、垃圾处理器的开关不要留在橱柜里；

（4）插头尽量不留在柜子里，不然开关时还要开柜门，麻烦；

（5）尽量多留插座，每个台面的地方都要留，最好面板上带开关，省得老拔来拔去；

（6）管线能隐藏的尽量隐藏。

整体布局要点

（1）要有足够的台面操作空间，或者说"尽可能大"的台面；

（2）灶台要安装在火势不容易受风影响的地方，如不能离窗户太近，也不能背对着门；

（3）灶台和水槽的相对位置要合理，最好是操作区在灶台和水槽中间，绝对不能紧挨着，也最好不要正背对着背；

（4）要有开放的架子，不是所有的东西（如蜂蜜、茶叶等）都是放在柜子里才方便；

（5）要有个放葱姜蒜的地方；

（6）垃圾桶最好藏起来，但是又要方便使用；

（7）灶台、水槽离冰箱要尽量远。

细节要点

（1）不要浅色的台面，太容易弄脏，容易浸污渍；

（2）备餐区要略高些，这样洗东西、切菜不用弯腰，省劲；

餓适们的美丽家庭

前期准备

采购方式

预算

装修前期

装修中期

装修后期

装修后笔记

后记

这是我的厨房的全景图

（3）烹饪区要矮点，这样炒菜不用架着胳膊，舒服；

（4）要大单盆，洗锅方便；

（5）要台下盆，清洁台面卫生方便，水一抹就行了；

（6）要有个大高柜，把烤箱嵌在中间，这样用起来不用弯腰，省劲；

（7）前后挡水条都要有；

（8）要有一组抽屉，放些零碎的东西方便；

（9）沥水架不能少（因为用惯了），最好不占用台面；

（10）拉篮200厘米宽就足够了,300厘米宽太沉，频繁拉开不顺手；

（11）调味品最好不要放柜子里，不方便频繁拿取；

（12）电饭煲最好有固定的位置；

（13）向上打开的柜子要用气撑；

（14）厨房要有适当装饰。

其他不可不知道的

（1）小厨房的整体色调要轻盈浅淡，特别是台面，避免颜色太重，不然整个厨房看起来显得晦暗、压抑；

（2）吊顶的颜色也要浅，不建议用桑拿板等感觉厚重的材料，不然有"压顶"的感觉，不舒服；

（3）厨房没必要花很多钱在腰线和花砖上，小厨房东西多，很难保证花砖和腰线不被挡上，如果很想装饰，可以考虑后期用墙贴，省钱又出效果；

（4）瓷砖釉面的容易清洁，仿古的不太好清洁，要注意风格和实用之间的选择；

（5）个人的使用感受：不建议使用西式的抽油烟机，吸力太弱；

（6）慎重选择开放式厨房，特别是有烹饪传统中餐的家庭；

（7）烟机的管道吊在吊顶里好看，但是不好检修，要取舍；

（8）不同的台面和面板各有利弊，可以上网查阅专业资料或详细咨询商家；

（9）可以适当考虑购买烤箱，比洗碗机要实用一些。

灶台烤箱全景

吊顶、浴霸 《 5

厨房、卫生间的吊顶，目前市场上主要有两大类，一是铝扣板，二是塑钢板，铝扣板经久耐用、防火性好，但是价位较高，且花色不多，塑钢板的造价低廉，花色繁多，但是在耐用性和防火性上较差

集成吊顶通常是铝扣板，可将浴霸、光源、排风等集于一身，具有较高的设计性，较为美观，但是价格较高

吊顶安装时首先做龙骨及支架，再进行板子的安装

浴霸可分为风暖、灯暖及混合取暖。应该与吊顶同时安装

　　没必要花大价钱和大心思在吊顶上。吊顶一般都是在厨房和卫生间，空间狭小，加上橱柜对房顶的视线分割，再好看的吊顶也会有遮挡。看到很多人花大价钱安装集成吊顶，还有图案什么的，其实效果不好。

　　还有，吊顶吊顶，吊在上面，等入住了，你是不会抬头欣赏吊顶的，卫生间呢，要是在浴缸泡澡的时候还会仰头看看，厨房里是根本不会看的。

　　集成吊顶板材的质量很重要，但电器也很重要，一定要注明电器保修多久，出了质量问题怎么办。如果担心电器出问题，也可以只要板材，上面的灯、浴霸、排风扇之类的单独购买。

关于浴霸，主要弄清楚下面几个问题就容易做决定了。

浴霸真的实用吗?

很多人觉得浴霸是可有可无的东西。一年里头，用到浴霸的时候不多，大夏天的肯定不用，冬天，卫生间一般也都有暖气。其实不是这样的，每年在来暖气前和停暖气的一段时间，如果没有浴霸，洗澡会真的很冷，特别是家里有孩子和老人的话。所以，虽然浴霸用的确实不多，但是还是需要的。

浴霸的种类有哪些?

现在常见的最基本的浴霸也就三种：风暖、灯暖、碳纤维，当然还有风暖和灯暖结合的。

风暖浴霸，就是先把加热丝用电加热，然后用风扇把热风吹出来。从物理的角度上说，主要是用对流的方式把热量传播出去。

灯暖浴霸，就是采用红外线辐射取暖，主要是用辐射的方式散播热量。

碳纤维浴霸，可以说是某种结合，先加热碳纤维使之发热，再由反射板把热能辐射出来。

很简单的物理原理就可以解释，风暖因为是对流的方式，热的传播很慢，所以需要时间，风暖的浴霸不能即开即用，而灯暖和碳纤维的是辐射的原理，所以基本上是即开即用的。

各自的缺点有哪些?

①风暖的因为是对流的原理，一般热空气是在上面，冷空气在下边。浴霸在头顶上，其实对流是很困难的，加上洗澡的时候身上有水，就算是暖风，吹到身上也还是凉凉的。

②灯暖的因为是用红外线，光线非常明亮，对眼睛不太好，特别是对老人和孩子。

③碳纤维浴霸，属于新产品，技术上的成熟度有待市场的检验。

至于灯暖和风暖结合的浴霸，其实没有从根本上解决灯暖和风暖固有的问题，是很"鸡肋"的产品。

餐我们的美丽家

前期准备

采购方式

预算

装修前期

装修中期

装修后期

装修后笔记

后记

专题：玄关的功能与设计

玄关的功能非常重要，有如下几点：

第一点：开灯要方便

开关位置应设在门口，玄关的灯要安双控的。

第二点：换鞋要方便

常穿的拖鞋放在开放的鞋架上，非常方便。可特意设计一个手扶的小架子，不但给玄关增添了一点景色，更重要的是很好地解决了会把墙面弄脏的问题。

第三点：要有放包和挂衣服的地方

一般一进门外衣（特别是冬天）和包都是要随手放玄关的，所以玄关的一个不可或缺的功能就是要有放包和大衣的地方。

第四点：进行适度的遮挡

开门如果没有任何遮挡，整个客厅将一览无余，这种"一览无余"会让在客厅的人产生不安全感，所以一般都要有个遮挡，中国古代建筑里的"照壁"就是这个道理。

可以用镂空隔断的做法，比如，实木条的屏扇＋竹帘，隔而不断。

第五点：在玄关进行手机充电，绝对方便

知识点和窍门

硬装时尽可能地确保材料的环保性能
房间要有符合孩子的特点，颜色鲜艳，
同时要有大量的存放玩具的空间
小孩子长得快，房子也要跟着一起长，
所以要为以后房间的变化留下
余地

儿童房 6

环保

在儿童房的装修方面，思路应该是"能简单就尽量简单"，肯定不做吊顶、造型，这样可以减少装修材料的使用，减少污染源。尽量减少胶的使用，如果非要用，要坚持用淀粉胶。还有墙面漆，很多品牌都有儿童专用的墙面漆。地面铺地板更适合些，地板感觉柔软且温暖，小孩子最喜欢不穿鞋在屋子里跑或者爬，地板感觉上比地砖要柔软得多，摔倒了也不怕，也不像地砖那么凉。

地毯不适合小孩子，因为容易滋生细菌，小孩子经常在地上爬，地毯不容易清洁消毒，保持卫生。

家具

主要应考虑家具的材质和设计上的安全问题，基本把握两点：（1）不用板式家具；（2）尽量选购专门为儿童设计的儿童家具。

童趣

儿童房间和成人房间最大的不同就是孩子的房间要有"童趣"，所以孩子的房间在色彩和装饰上要尽量符合儿童的心理特点。儿童房

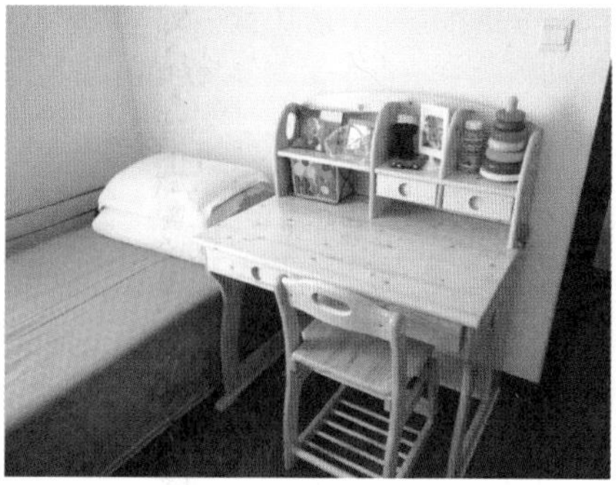

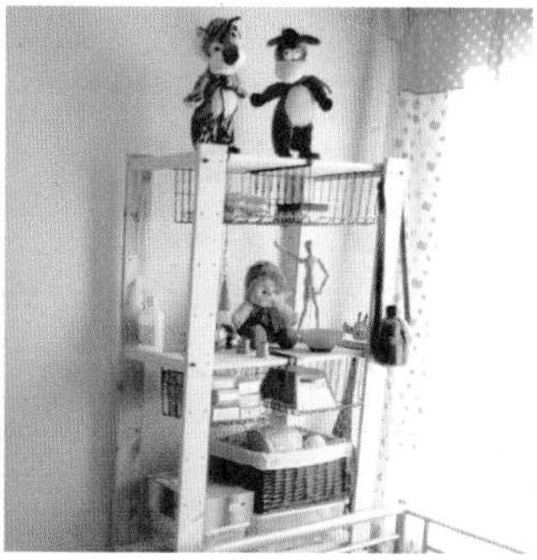

左：写字台是松木的，表面上清漆。设计合理，储藏功能不错，有附加的书架，有抽屉，桌子下面也可以放书。有很多细节设计，如把手为向内抠成的，减少突出，降低安全隐患。衣柜的门是塑料的，不会夹手，而且颜色鲜艳

右：开放式置物架（宜家置物架），松木，没上漆

的另外一个特点是到处是玩具，“玩具是孩子最好的伙伴”，没有一个孩子不喜欢玩具的，所以儿童房应注重玩具的收纳，而且收纳要充分考虑拿取是否方便。

童趣主要靠后期的软装来体现的。在硬装时，可在照明灯具等方面花点心思，如装一些装饰儿童灯。

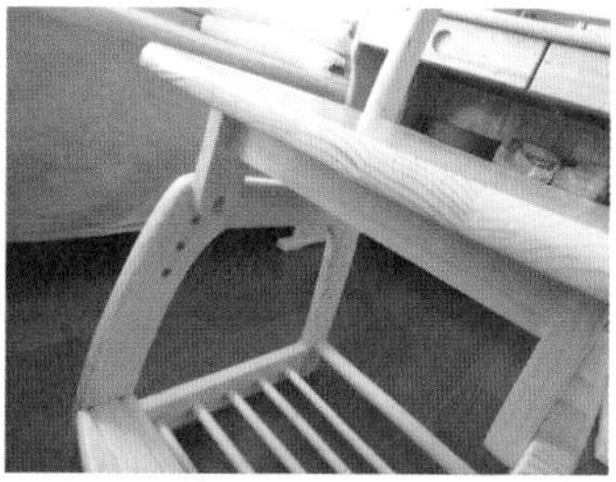

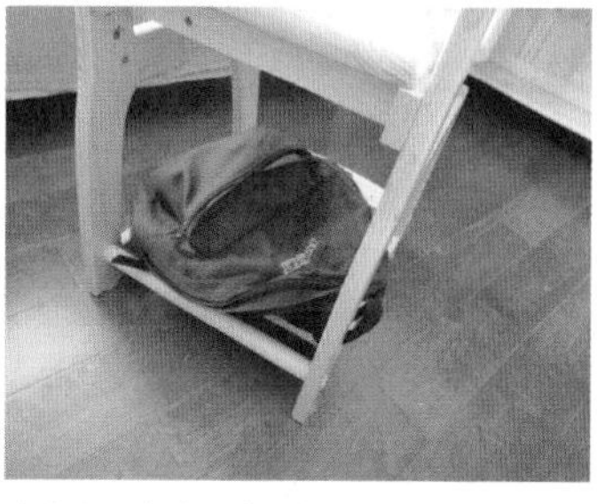

这个和写字台配套的椅子可以升降，椅面的高度可以根据孩子身高的不同而进行调整，一共四挡，可以让宝宝从幼儿园用到小学毕业

房间可成长

这个是儿童房独有的一个关注点，大人的房间可以十年八年不变模样，但儿童房不是这样，孩子长得太快，不同的阶段所喜欢的东西都不一样，身高变化得也快，一成不变的儿童房不是好的儿童房。

7 地台

- 地台形式多样，可用正规榻榻米（定做），或用轻体砖＋木盖板
- 地台适合空间不大的房间使用

地台流行好几年了，其功能首当其冲是休闲，大部分人家弄地台是为了当个茶室、棋室之类的，喝茶看报聊天；其次则是想扩充空间，有的居室比较小的房子，特别是在客厅里，靠近阳台的部分弄个地台，摆个小桌，既不挡光，又不占地，还能坐卧，比较实用；最后是储物，地台下面可以放点不常用的物件，这是会过日子的人的首选。

地台的种类从高度分，大致可分为高10厘米左右的和高40厘米左右的。10厘米高的地台基本就是纯休闲用，大多做在客厅阳台、落地窗附近，看风景、喝茶用，使用木龙骨打底，覆盖大芯板，表层装饰用木地板。

高40厘米左右的地台，一般兼具了休闲、睡眠和储物的多种功能。功能多了，代价就是美观程度打折扣。做高地台一般分两种方法：一种是全部使用木质材料（包括大芯板或集成材），另一种是水泥砖＋木结构的。

地台的造价肯定越高越费钱，全木结构的更费钱。

锇造们的美丽家丽

前期准备

采购方式

预算

装修前期

装修中期

装修后期

装修后笔记

后记

椰蓉球家地台实例

地台目标功能：

（1）够大的空间，可以让孩子在上面尽情折腾；

（2）扩大储物空间；

（3）使地台所在房间兼具游戏室、卧室的功能；

（4）孩子长大独立睡眠时，地方够大，不容易掉下来；

（5）有亲友临时住宿时提供足够大的卧铺。

地台制作步骤

步骤 A1 小卧室窗下的大小，地台规格定为 1.5 米 ×2.9 米（房间长度）×0.4 米（高度）。下面用轻体砖砌出格局和基座，然后表面用水泥抹平、轧光。六个格子是储物的，分别有自己的盖板。这些木工板我用的是全富 E0 级无醛大芯板，格子里面用腻子找平、粉刷（可用剩下的墙漆）。

步骤 A2 边沿处理属于个人创新，因为将来地台上面要放床垫，我怕如果边沿光秃秃的话，垫子会往下溜，所以让师傅给在边缘加了一条类似"挡水条"的木板，高出地台表面 3 厘米。实际使用后觉得这个非常必要、非常实用，建议大家都加上。

步骤 A3 油工师傅打磨、上漆。

暖气管子的地方特殊处理

盖板上打圆孔，当做拉手

地台外面外露的部分用剩下的壁纸贴了一下，这是铺地板前的样子

底座完成

底座上的垫子选用了椰木桌垫，外面包裹上垫套布，最终地台变成了这个样子

人造板材

说白了，人造板材就是为了替代稀缺的实木而生的。也就是说，使用了一些碎木屑或木块等加工而成。为了使板材更加结实和耐用，人造板中需添加防潮剂和黏合剂，这些是游离甲醛的主要来源。因此，提到人造板材的环保，最重要的衡量目标是"甲醛释放量"是否达标。

人造板材的种类可谓五花八门，品类繁多。作为普通消费者我真是没精力、没能力搞清那么多，大部分人用到的、最关心的两种板材是：大芯板和刨花板。

> ※大芯板
> 行内称"细木工板"。大芯板是由两片单板中间黏压拼接而成。大芯板的价格比细芯板要便宜，其竖向（以芯材走向区分）抗弯压强度差，但横向抗弯压强度较高。
> 大芯板主要用于木工现场打制家具。

143

饿迫们的美丽

前期准备

采购方式

预算

装修前期

装修中期

装修后期

装修后笔记

后记

专题：装修环保之我见

这也是很多同学都非常关心的话题。虽然在这方面专业知识有限，不过还是愿意把自己的一点体会整理出来和大家分享。

（1）装修中的有害气体

目前，大家基本认定的是，装修中主要的有害气体包括甲醛、苯、氨气和具有放射性的氡气。其中最为"著名"的无疑是甲醛了，然而，其他几种物质也不能完全忽视。

（2）你的建材环保达标吗

各种有害气体都是跟随着你自己挑选的建材"光临"你家的，有点像"引狼入室"，说起来残酷，但事实也的确如此。因此，关注建材的环保情况已成为大家购物时的必选项。然而，环保达标并不是一句泛泛的标准，更不是有些商家口中"不环保给你退货"的空泛承诺。

作为消费者，要做到心中有数。首先，就是要了解，什么样的污染物存在于什么样的建材中？进一步才能谈得上如何防范和控制。其次，要了解所谓"达标"的准确含义，我们的国家虽然法制很不健全，但我们还是要尽量利用已有的法律法规保护自己。

> ※刨花板
> 刨花板是用木材碎料为主要原料，再掺加胶水、添加剂经压制而成的薄型板材。按压制方法可分为挤压刨花板、平压刨花板两类。此类板材主要优点是价格极其便宜，其缺点也很明显：强度极差。一般不适宜制作较大型或者有力学要求的家私。刨花板最主要的应用是橱柜。

关于人造板材的环保性能和选择，大家一般都大概知道E1级、E0级等术语，其实这些词汇也是来源于国家的行业检测法规《室内装饰装修材料人造板及其制品中甲醛释放限量》，这个法规里最直观的就是下面这张表：

人造板及其制品中甲醛释放量试验方法及限量值

产品名称	试验方法	限量值	使用范围	限量标志[b]
中密度纤维板、高密度纤维板、刨花板、定向刨花板	穿孔萃取法	≤ 9mg/100g	可直接用于室内	E1
		≤ 30mg/100g	必须饰面处理后可允许用于室内	E2
胶合板、装饰单板贴面胶板、细木工板等	干燥器法	≤ 1.5mg/L	可直接用于室内	E1
		≤ 5.0mg/L	必须饰面处理后可允许用于室内	E2
饰面人造板（包括浸渍纸层压木质地板、实木复合地板、竹地板、浸渍胶膜纸饰面人造板等）	气候箱法[a]	≤ 0.12mg/m^3	可直接用于室内	E1
	干燥器法	≤ 1.5mg/L		

a. 仲裁时采用气候箱法。
b. E1 为可直接用于室内的人造板，E2 为必须饰面处理后允许用于室内的人造板。

所以，简单地说，E1 级或其以上的人造板，都可以直接用于室内，只要是可信的企业生产的、确实达到这个级别的板材，大家可以放心使用。

然而，不论多么低的甲醛释放量，也不是没有甲醛。因此，板材的使用量也是一个很重要的环保因素。曾经见过一个不成文的规则，100平方米的房间内，即使是完全合格的板材，使用也不要超过20张。

关于刨花板，再啰唆一下，大家耳熟能详的"吉林森工"、"露水河"板就属于刨花板，"吉林森工"是生产刨花板的企业名称，"露水河"是这个企业所在的镇子，也是这个企业产品的品牌，它家的刨花板已经成了行业内的标杆，有知名度，自然信誉和质量也是有一定保证的。

大家可以到吉林森工的官网上查找其公布的合作的厂家名单，也就是说，名单外的企业都无权使用露水河刨花板。

石材 / 瓷砖

天然石材以其美丽的花纹博得了众多人的喜爱，然而围绕着它的环保与否，即所谓"辐射"的争议也一再被提及。

锇适们的美丽

前期准备

采购方式

预算

装修前期

装修中期

装修后期

装修后笔记

后记

首先我们要了解，天然石材中的放射性主要是镭、钍放射性元素在衰变中产生的放射性物质，其中最主要的就是本书前面提到过的"氡气"。

事实上，物质世界中几乎无不含有放射性的物质，其中也包括土壤、空气、水和人体本身。天然石材作为自然的产物，含有放射性物质也是很正常的事情。关键在于，我们如何把握，如何自我保护，即如何安全地使用石材。

这方面我们是有法可依的，1993 年制定的《天然石材产品放射防护分类控制标准》按天然石材的放射性水平，把天然石材产品分为 A、B、C 三类。大家只要简单记住，除 A 类石材外，其他两级石材都不能用于室内装饰，就可以了。

当然，在不影响居室美观的前提下，尽量少地使用石材是个更省事的办法。

关于瓷砖，也能看到一些人四处传播的具备辐射性的观点，目前我国没有对瓷砖的任何放射性限制法规，西方发达国家（如德国、美国）也没有，这么多专业人士都认为可忽略不计的瓷砖辐射，应该不会有多大问题。

私家体会

（1）没有绝对的环保，在可承受范围内适可而止。

（2）事前防范的作用是 99%，事后治理的作用是 1%。

（3）如果防范不够好，最有效的治理措施是"开窗通风"。

（4）荷包充足的话，用好的材料、选好的品牌、去大型市场购买。

（5）荷包不充足的话，尽量回避易不环保建材（如木地板、天然石材、大芯板），千万不要幻想花小钱买到的"环保"建材。咱们可以：买不起实木地板，就用瓷砖；买不起 E0 级橱柜，就做水泥的，这也是很好的生活态度和方法。

（6）对环保检测和治理的认识。

大家看看国标里的检测方法就知道了，所有科学严谨的空气检测都应该采取实验室检测。而我们实际可操作的是在检测前将房间密闭 12 小时，然后进行测试。

8 强大的 DIY

知识点和窍门
● 每个人都是 DIY 高手；
● DIY 重点不在好不好、精致不精致、美丽不美丽，而在于——开心吗？

钱小白

　　我喜欢 DIY，没装修以前也是，总是喜欢自己动手做一些小东西，不管做得好不好，总有自己和家人欣赏，感觉还很不错。要装修自己的新家了，想要 DIY 的冲动更是难以抑制，每天到工地的第一件事儿就是在想，有没有什么废料可以让我来 DIY 的。

我们的美丽家

前期准备

采购方式

预算

装修前期

装修中期

装修后期

装修后笔记

后记

于是，工地上的小木头块，木工用的气枪就成了我的材料和工具，这些废料，我做成了小收纳盒、纸巾盒、花架、小鸟屋、欢迎牌，最后为了实现我在小露台养鱼的心愿，还 DIY 了个小鱼池，几乎变成了我家的标志性建筑物，看到这个鱼池的图片就知道是我家了。

为了这个鱼池可没少做功课。在网上光鱼池的图片就搜罗了一大堆，然后又经过向网友咨询，最后决定因地制宜，在露台把角的位置做一个弧形鱼池。从砌砖到抹水泥，再到贴马赛克、鹅卵石，全部完成。

先解释几个问题，再教你怎么做。

（1）高层鱼池的防水问题。鱼池的防水是非常重要的，尤其是高层建筑的露台，如果防水做不好，水漏到别人家里，麻烦可大了，所以尽管原来的露台就是做过防水的，也应做两遍防水才放心。

（2）鱼池要不要留出水口的问题。这个问题当初忽视了，当时瓦工师傅说留一个，但我觉得，有自循环泵应该没问题。但实际上，自循环泵是可以抽水，但是抽得不干净，如果有个下水口就可以清洁得干净多了。所以建议大家准备弄鱼池的，最好留好下水口。

DIY 鱼池的过程

（3）鱼池最好不要使用白水泥。白水泥远没有普通水泥结实，用白水泥黏的马赛克脱落了不少，上面黏的鹅卵石也掉了不少。所以鱼池还是要以结实耐用为首要条件。

（4）鱼池内装饰物的选择和制作。鱼池里的假山有几种选择，一是去花卉市场定制吸水石假山，但这种假山价格不便宜，1平方米左右鱼池用的假山，差不多要 2000 元；二是专门卖假山石的石料厂，不过那里的假山石体积都不小，大多是为大型园林建造使用的；三是自己去找一些小块的石料，DIY 一个小假山，我家就属于这种方案。

　　在寻找假山石的过程中，我发现我家附近有一个石料厂，就贸然进去，看门的老大爷问我来干吗，我说明自己的意图，想买些小块石材，他说那些小块的没人要，你看你能要多少就拿走吧。我如获

　　至宝，捡了 20 多块石头回家。通过大理石胶的黏接，一个小假山就
完成了。

　　　鱼池里用的竹筒流水器也可以 DIY，当然最初我也是先去花卉市
场问的，280 元一副，我看了一下，觉得很简单，不值那么多钱，于
是去建材市场卖竹子的地方，5 元钱买了一小截竹子，再请木工师傅
帮我锯成两截，又买一根 3 元钱的管子，接上自循环的水泵，一个自

151

我们的美丽家

前期准备

采购方式

预算

装修前期

装修中期

装修后期

装修后期笔记

后记

制流水器就完成了，所有的成本加上自循环水泵不过四十几元钱。

当然，除了鱼池，家里的餐椅坐垫、桌布、餐垫、靠垫等一些布艺的家饰，基本上都是我自己制作完成。有人不理解，觉得这些东西其实也花不了多少钱为什么要自己动手啊？DIY的乐趣还真不是金钱可以衡量的，它的乐趣在于，当你自己动手为家而忙碌的时候，内心的满足感和幸福感花多少钱也买不到，至于说有多累，还真没觉得。

椰蓉球

小白的动手能力真是太强了！不禁想起我的几次DIY经历。

曾经在原来的旧房里弄过一次墙绘DIY。像我这等没有任何美术基础的人，只适合弄点简单、抽象的图案，色彩不能太过复杂，技术不要要求太高，抱着自娱自乐的心情就对了。

工具很简单，一支美术笔2元，两瓶"温莎牛顿"牌的丙烯颜料，好像20多元。画完这个图案，还剩90%。

还需要一个调色盘，如果家里没有，就用个破碗代替就好。（丙烯颜料需要兑水使用）

图案是我看了一些墙贴的样式，自己修改调整的，根据我家次卧床头墙的情况，先用铅笔打稿，然后用美术笔蘸着颜料涂匀，就OK了！

纯属娱乐，供大家一笑。

对了，补充一点：丙烯颜料无毒无味，不像油漆、墙漆有很多副作用，据说是很环保的颜料，具体大家可以搜索一下相关知识。

还有，用自粘墙纸完美镜柜。

不够完美的十字镜柜

很多同学都挺喜欢我家的十字镜柜，这也是我自己最为得意的装修创意之一。摆在家里，几乎每一个来访的客人都会注意、夸奖。

十字镜柜美是美了，可是却有点美中不足。哪里

这是在我家床头画的

然后，还有兴致，又在小板凳上画了一个（板凳已经用得很旧了）

不够完美呢？就是柜子的里面太粗糙了。

　　我家的十字镜柜是木工打的，用料是大芯板。在国家板材使用的有关规定中，E0级大芯板在环保性能上，直接（不刷漆、不贴面）使用于室内是没有任何问题的。同时，为了节省费用，我家柜子在打制时内部就简单用多余的白漆草草刷了一遍。结果柜子内部就是现在这个状况。

　　这个柜子主要是用来放包、大衣的，这样的内部状况，我是不满意的。也曾经想过改善的办法——饰面板无疑是太劳民伤财费时费力了，直接否定。重点考虑过贴壁纸，壁纸也确实有很多剩余的，但问题是，贴壁纸要刷胶，要刷匀。我一没胶、二没工具、三没技术，真是要啥没啥。也有朋友说过可以找贴壁纸的师傅，我自己怕麻烦，更怕麻烦人家，所以这个主意也给否定了。

　　转眼入住2个月了，那天无意中逛淘宝，却被我发现了一个好东西：自粘墙纸，是一卷一卷像壁纸一样的贴纸，花色繁多，与壁纸不同的是其自带不干胶，撕下就可以用。更好的是，这东西对基面要求

我们的美丽家园

前期准备

采购方式

预算

装修前期

装修中期

装修后期

装修后笔记

后记

不高，因而用途广泛，可以贴墙、家具、包书皮、美化小物件（比如纸巾盒）……反正只要是比较平整的表面，随便贴啦。

更好的是，价格十分亲民，一般是 45 厘米宽的，2 元多一米，每卷 8~10 米。于是就买了。经过测量，将对花的损耗考虑在内，一卷也应该够了，就买了 10 米的一卷，连运费一共是 36 元。再准备了工具——裁纸刀、直尺、卷尺。

费用总结

自粘墙纸：26 元一卷，运费 10 元。还剩半卷左右

裁纸刀：3 元

钢直尺：4 元

人工：无价

几点心得

（1）追求完美的人尽量买图案较小的，避免"对花"的烦恼——费纸、费精力。

（2）买以前、动手以前，一定要精确算好尺寸，想好该怎么裁剪。

（3）裁剪的时候，注意花纹的方向。

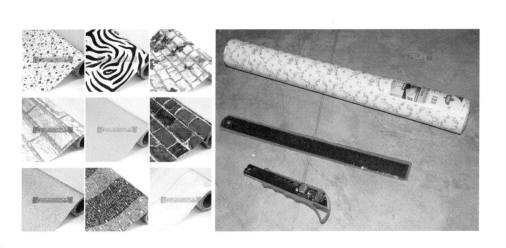

过程详解

①墙纸背面有很清楚的尺寸标示，还有网格线，非常适合业余选手
②量好尺寸，开始裁纸
③不干胶纸一撕就好
④贴的时候，先撕开一部分胶纸，找好边缘，对齐，再用半湿的毛巾从边缘向另一个边缘"擀"，擀的时候要注意不能留气泡，擀得越好，贴好的壁纸越平整好看
⑤柜子里有挂衣钩、合叶等"障碍物"。理论上应该把这些都拆下来再贴纸，当然也可以偷懒
⑥完工

小小唐

　　我比较弱，举个简单的例子吧，看我家马桶立管检修口的处理。

一个大窟窿

找一张廉价的装饰画

一点双面胶

贴在画的后面

再贴在窟窿上

铺适们的美丽

前期准备

采购方式

预算

装修前期

装修中期

装修后期

装修后笔记

后记

9 最闹心的一件事

钱小白：燃气热水器

我曾经想：下次绝不再装燃气热水器了，那是在我极其愤怒的状态下产生的想法，现在想想，燃气热水器本身没问题，只是安装燃气热水器中间受到的阻挠太多了，非常不顺利。

事情的缘由是这样，我们小区是新小区，所以在最初装修期间对进入小区的人员控制很严格，另外，工程部可能担心业主自己在墙上打孔，所以对于进入小区安装燃气热水器的燃气安装工就更加注意。但无论是物业还是工程部都没有把这个情况跟业主沟通，莫名其妙地不放行，多少让人有点匪夷所思。

其实问题的根源就在于，燃气热水器与电热水器不同，有一个排烟管，就像烟囱一样，这个烟囱一般情况现在是进入吊顶从外墙伸出去。但由于我们这个小区全都没预留口，物业就要求大家在窗户玻璃上打孔。难看的程度可想而知，就像 20 世纪 80 年代家里生蜂窝煤炉子的感觉一样！但是因为物业的阻挠，最后也只能这样凑合着，但心里还是窝了一肚子火。

以下是我总结的一些关于安装燃气热水器应该考虑的事情，仅供大家参考。

首先确定一下所在的小区物业是否同意在墙上打孔

这很重要，因为如果不让打孔的话要从玻璃上打孔。不过这个问题对于二手房装修问题不是太大，新小区的条条框框更多一些。不过最好自己心里有数，否则搞得措手不及，当天很可能安装不成。

燃气热水器的安装费用几乎占到你热水器总价的1/5

燃气热水器的安装费是一个很隐性的费用，因为网销或是店面的销售一般不会告诉你有多少费用发生，多是含糊其辞，但事实上很多人都会觉得后期的安装费远远超出自己的想象。因为你必须用他们的材料，而他们的材料都不便宜，是市面价的一倍还多。这个阀那个管的，你要是着急安装不计较这些，正好就称了他的心，这些收入都是安装师傅的额外收入。

改水电的时候注意出水口的位置

我家改水电的时候问了一下林内燃气热水器的技术人员，说留口不超过145厘米。我就和改水电的师傅说留1.4米吧。结果，铺完砖后，不到1.4米的样子，又得让橱柜把燃气热水器挡住，这样就得加水管，金属水管要加钱，哪怕是1厘米，25元一根，两根50元。

燃气热水器和电热水器的选择

　　一般来说，安装燃气热水器都是因为厨房和卫生间离得比较近才会这样选，卖热水器的销售也会这样跟你说。在实际使用中也确实是这样，如果厨房和卫生间离得近，那么水管就短，浪费的冷水就会少。而且燃气热水器的优势在于，任何时候你回家，打开水就可以洗澡，不用等就有热水。而电热水器则需要插上电源等一段时间，而且还有水够不够下一个人洗的问题。所以从方便的角度上考虑，我觉得燃气热水器还是很方便的。

　　另外，现在还有一种即热型的电热水器，体积小，即开即热，也挺不错，只是这种热水器的额定功率达到 5~8kW，要在改水电的时候提前改电线，因为普通 2.5 方的线是不能使用即热型热水器的。

椰蓉球：山寨木门

　　我家最闹心的事，当之无愧是"门"。这个事儿简单说就是：8 扇实木复合门遭遇伪劣假冒山寨，工厂推诿，销售失踪，气得业主眼冒金星……这件事的直接后果使家里装修整体停工 1 个半月，而我也成了当时焦点网上著名的悲情业主。当然了，最后，还是解决得很圆满。那无疑凭借的是网络的监督力量。其间这个帖一直在论坛置顶，受到千万网友的关注，点击量过万，并纷纷发言支持我，敦促厂家出来解决问题——这就是网络商家的好处，它不得不忌惮着网络上一传十、十传百的舆论压力。整个事件在发生后 36 小时内获得解决，这要是放在普通建材城，哪怕是那些名牌家居商场，也是不可想象的。

小小唐：墙体返工

　　最初一进大门的右手边本来是个书房，鉴于我迫切地需要一个衣帽间兼储藏室，所以最后决定把书房拆了，改成一个小衣帽间，旁边留出的一个凹进去的小区域作为老公的电脑区。

　　当初师傅给我新建墙的时候，我也没太上心，等墙都建成了，无意

我们的美丽家园

前期准备

采购方式

预算

装修前期

装修中期

装修后期

装修后笔记

后记

中看到网上有人问关于她家新建墙好像没有埋钢筋的事情，我当时一愣，才发现我好像压根儿就没注意过这个问题。

赶紧问工长：请问我家新建的墙体里埋钢筋了吗？

工长：埋了。

我：怎么埋的？

工长：在和老墙接合的地方埋的，有 60 厘米左右，墙体上下各一根。

后来我具体咨询了监理公司的专业人士，向他请教了中规中矩的施工方法，那就是：

（1）8 个厚的轻体砖每隔 2 块砖的高度加一圈钢筋，每圈钢筋要 2 条 4# 钢筋平行放置，与老墙接合的地方钻头打孔进老墙 5~6 厘米，将钢筋插入孔中。

（2）钢筋要与新建墙通体长，就是从头到尾都要有钢筋，且钢筋在墙角拐弯的地方必须是整条弯过来的。

（3）门头放置与墙体等宽的方钢作为门梁。

墙体打孔

最后，也是经过了反复的思想斗争，考虑到家里有宝宝，没有什么比一个安全的家更重要的了。我决定让师傅把已经建好、批上水泥、刮好腻子的墙体拆了重建。

最后要说，这样的修改对工长、对我来说，都是耗时、耗力、耗神的事情，因为毕竟是已经都批好腻子、就差最后的墙面处理了，返工，谈何容易呀，费用呢？时间呢？工人的情绪呢？牵涉太多的问题。真的曾想过要不就这样吧，可是一想到这是关乎安全的大事，就总是不踏实。还好我并不过分纠结于费用，最终工长对我的担忧也表示理解，答应返工。不过，返工真的是我装修中最闹心的一件事。

将钢筋插入孔内，与老墙接合

返工是返了，可能很多人会担心，这样会不会跟工长闹得很不愉快呢？这样的担忧其实是有道理的，真的在网上看到些因为施工质量和工长、工人闹僵的，结果工人明着返工、暗地里下黑手，故意在你不懂注意的地方做手脚，比如往下水道里灌水泥，影响下水的速度，你当时还发现不了，回头住进来了让你用着难受。

还好，我和工长之间也出过问题，也一度很情绪化，但都忍住了当时没发作，最终能在相对淡定的氛围里平心静气地交流，把问题解决了。所以归根结底一句话：尊重对方，有事说事。

新建墙体通体加钢筋

装 修 后 期

LATTER STAGE

1
2 安装

小小唐：安装我有话要说

石材的安装

当我们进行石材询价的时候，会觉得石材本身的价格都不贵，往往不把石材的费用放在心上，总觉得是个小钱，但是最后的费用却很高，或者说超出你的想象。这是为什么？答案是：加工费是个陷阱。

商家报价的时候，往往只说石材本身的价格，对加工费只字不提。等你交了定金，商家上门测量完了之后，一算总价，发现费用马上高起来了，什么磨边、保养、切割都是单独收费的，而且你不做是不行的。所以一定问清楚全包的价格是多少。

另外，石头染色的问题，一般只要看看侧切面就可以判断了，直接问商家他也都会如实相告。

还有就是，店面里展示用的石材往往都很好，到了你家的石材，到处都是瑕疵。商家会说天然的东西不可能和店里的一样。总之，石材是个相当费脑筋的事情，有精力的人就好好研究吧。

厨房安装

提前能装好的一定都装好，如热水器等。

半加工好的石头

清理窗台，发现不是直角

画线做标记，然后切割打磨，安上后上玻璃胶

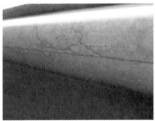
石材侧面的接缝

阳台前后对比

地板安装

有个令人纠结的问题：先装门还是先装地板？答案是：先装地板，这样装门的师傅可以最大限度减小门和地板之间的缝隙，缝隙越小，防尘和隔音效果越好，留条大缝视觉上也不太美观。

（1）提前打扫好房间，安装工人也会打扫，但是没有自己打扫得细致。防止灰太大可以使用吸尘器，但是不能在安装的前一天洒水，洒水地面的潮气干不透，影响地板。如果洒水，最好提前几天，让地面在安装当天彻底干透。

（2）踢脚线的地方通常要打眼装木榫，万一有特殊的管线，一定想着和师傅说。

（3）地板和门框衔接的踢脚线可以先留长点，钉子别钉死，回头请装门的师傅给裁合适了再钉死。

门安装

（1）一定要保护好地板，可以从装修开始就有意识地收集大块的包装纸箱，到后来用作地板的保护。

（2）所有门框要一样高才好看。

其他安装

（1）浴霸最好装在偏一点的位置，以防万一。

（2）记得提醒工人要先量好，量准了再动手。现在的装修行业就
这么个情况，他不专业，如果你自己不多惦记，那效果可能
就不理想。

（3）马桶最好请马桶的厂家负责安装，省得出了问题扯皮。

（4）灯具也最好请电改的一方来装，一是熟悉情况，二是防止有
问题大家互相推诿。

（5）其他的厨房、卫生间的五金件打眼前要确保避开水电路。

（6）任何往墙上装的东西都要想好了再动手：

    A. 这个东西确定要装在这里；

    B. 装的方案已经反复推敲好了。

（7）窗帘杆不要装到顶，要不显得有压迫感（见图①）。

（8）手纸架的位置要顺手，不用起身就能拿得到的地方（见图②）。

（9）自己准备一点玻璃胶，会比工人师傅自己带的质量好（见图
③、图④）。

饿迟的美丽

前期准备

采购方式

预算

装修前期

装修中期

装修后期

装修后笔记

后记

（10）准备个水平尺，很多安装的地方都用得到。

安装阶段经常遇到的问题和解决办法

（1）工人不准时，迟到、早到、放鸽子不来，还均不提前打电话通知一声。

解决之道：事前主动与对方打电话确认，索要具体安装工人师傅的电话，多联系。事情发生后尽量不生气，实在生气就生一会儿，并安慰自己说：谁家装修都这样……

（2）东西没带全。好容易人来了，发现缺一块门板，少一个支架，反正今天不可能完全完工，还要二次上门。要么就是特别专业、缺了不行的工具没带全，导致很多项目做不了，要勉强做效果就不敢保证。

解决之道：自己认了吧，要不还能怎样。

（3）时间赶，工人装得马虎，自己验收也马虎。工人匆匆忙忙地来了，来得太晚，为争取时间赶工，结果"欲速则不达"，越忙越出乱子，或者能敷衍就敷衍，装得不细。还有就是好容易装完了，自己也很累，验收不仔细，等工人走了之后，又发现了问题。

解决之道：工人再晚干活也不能让他马虎，他想赶工，你控制不了，但是我们可以控制自己：安装过程中盯紧点，当好监理，验收的时候要仔细，不要想当然，该试的一定要试试。

（4）工人不小心弄坏你家东西。

解决之道：自己多注意成品的保护，能做的保护都要做到位，如张贴醒目的警示标志，在门上贴个大白纸写上：请小心，不要划伤门等。

（5）工人把工具落在你家。

这个问题不常发生，但也不罕见。工人要来取工具，你还要和他约时间在工地等他。

解决之道：工人走的时候顺口问一句：您工具都带好了？别落下！

2 家具的选购

这里主要讲讲实木家具

概念一　实木家具不都是实木

现在大家都比较追求环保，实木家具成为很多人的首选。走进家具商城，"实木家具"品牌众多，销售员满口都是"实木、实木"。你可能开始不了解，想象的实木家具就是整块木头劈成板，做成的家具。其实呢？完全不是这种情况。

实木家具的几种形式

一种是纯实木家具。也就是说，家具的所有用材都是实木，包括桌面、衣柜的门板、侧板等均用纯实木制成，不使用其他任何形式的人造板。纯实木家具对工艺及材质要求很高。实木的选材、烘干、指接、拼缝等要求都很严格。如果哪一道工序把关不严，小则出现开裂、接合处松动等现象，大则整套家具变形，以致无法使用。

另一种是实木板式结合家具。从外观上看是实木家具，木材的自然纹理、手感及色泽都和实木家具一模一样，但实际上是实木和人造板混用的家具，即侧板顶、底、搁板等部件用薄木贴面的刨花板或中密度纤维板。门和抽屉以及框架部分采用实木。这种工艺节约了木材，也降低了成本。

第一种纯实木家具在当今的普通市场根本不存在，你能看到的所有实木家具，都是板木结合的。只是使用"板"的比例、质量也有高低之分，导致实木家具的档次也有很大区分。

概念二　实木架构

不管使用板材的比例和质量，只要号称"实木家具"，至少这个家具的框架必须是由纯实木块做的。家具框架包括桌子腿、桌子面的四周框、柜子的立柱、床头立柱、床腿、床架等。椅子一般都是纯实木的。

概念三　木种

实木框架的木种就是这种家具的木种。售货员跟你说的"我这是胡桃木实木家具"，其实际含义是"我这是胡桃木框架的实木家具"。目前比较流行和常见的木种是水曲柳、胡桃木、楸木、橡木、柚木等。

概念四　板材的档次

实木家具的板材使用比例比较容易理解，大家可以详细问销售员，他们会解释的。此外，板材的种类也分好几种：

首先是齿接（或指接）。也称集成材，超市里也有卖。就是将小

餓适们的美丽　前期准备　采购方式　预算　装修前期　装修中期　装修后期　装修后笔记　后记

木条互相犬牙交错地接合在一起，形成板子。齿接集成材的档次按齿接木条的大小分不同档次。木条越大的，接缝越少，档次越高。

其次是单板包覆。顾名思义，就是将实木单板（一般厚1~2毫米）包覆在板材上，俗称"贴皮"（如果是贴的纸皮，档次就更低了）。里面的板材芯可能是中密度纤维板或者欧松板。

齿接板也可以说是实木，因为它毕竟是木头做的（虽然是人工加工、有胶的）。有些家具厂商说他们卖的是"全实木家具"，大概就是钻了这个概念空子，大家要注意区分。

概念五　油漆和胶

除了家具的材质，给木器上的漆，连接齿接板和各部件的胶也是非常重要的。这决定了实木家具的环保性能。据说目前油漆比较好的是"阿克苏"牌的（曲美等品牌就用这个），现在用"大宝"的也很多。而胶，据说现在很多大家具厂都是直接进齿接板（不自己做），大厂采购量大，又注重自己品牌，能够以比较低的价格买到质量还不错的齿接板。而小厂就不敢保证了。

买家具时，多问一句，他们是用什么油漆，卖家具的就不敢糊弄你了。

软装配饰
（画、摆设、小物件）
3

知识点和窍门

● 最考验业主功力的环节，居室效果最出彩的环节

小小唐家装修实例

软装，肯定是与硬装相对而言的，片面地理解，就是装修队负责的部分算硬装，剩下的就是软装了。硬装的重点是工程质量，而软装的重点是营造氛围。

具体可以从几方面入手。

※灯饰　　　　※裱好的画、书法等　　　　　　　※装饰画

※台布

※绿植

※照片墙

钱小白家装修实例

　　钱小白家的软装，因为是地中海风，普罗旺斯的薰衣草当然得是家里的装饰之一，一个简单的铁皮花桶，几枝仿真薰衣草花，把家里浓浓的地中海情结更加衬托出来。其他配饰也增色不少。

①铁皮花桶的几枝仿真薰衣草花

②小花园里两只戏水鸭伸着脑袋想找水喝吧，那姿态和表情真是招人爱，这个小花园就好像是它们的家，它们的世界

③海洋家里怎么少得了海螺，海螺形的水培花盆养着纤细的吊兰，是不是感觉更美了

④花园里，两只小鸟在窃窃私语着，春天什么时候才能到啊，那个时候我们就可以去外面自由地飞翔啦

⑤假窗是受到很多人关注的一样软装饰品，它的造价是：假窗淘宝购得 128 元，假花某市场购得 50 元，一张背景画某市场购得 5 元，一共是 183 元。虽然造价不高，效果却不错，不仅遮挡了电箱，而且还成为家中一道独特的风景，也更好地诠释了主人的地中海情结

⑥⑦家是海洋风，船是家里不可少的装饰，像船柜可以放些灯塔、帆船或是展示的装饰品，船型的钥匙盒本身就是装饰，而且还能放好多钥匙，上面的钟表也是可以使用的，装饰物不仅好看，而且也超实用呢

⑧一个平淡无奇的电视柜，因为这盆株顶红和这三口勤劳的兔子一家，变得不那么普通，不那么沉闷了，看到的人在想这会是怎样的一家三口呢，多幸福！多快乐啊

⑨其实有些收纳的盒子本身也是装饰品，像平时乱扔的护肤品之类的，都不应该放在卫生间那种潮湿的环境里，而是应该放在干燥的地方，不然会容易变质呢。所以就用一个手绘的盒子把它们收纳起来，又整齐又漂亮

4² 窗帘

　　窗帘是家居软装饰非常重要的一个内容。现在定制窗帘的地方非常多，从很集中的窗帘市场，到网上定制，款式、花色多得让人应接不暇。而且价格也是参差不齐，从几百一米到上千一米。看到这些窗帘你可千万别糊涂也别眼晕，只要记住，选你自己需要的就可以了。

　　（1）选窗帘要根据自家的风格来确定。很多人在选窗帘的时候，只顾着看哪个窗帘漂亮了，把自己家的风格都抛到九霄云外了。其实窗帘是为了点缀整个家居的，如果离开家居风格去选窗帘很显然不合理。只要明白自己家的风格，然后有针对性地去选，很快就能找到喜欢的颜色。

　　（2）普通居室的窗帘款式力求简洁。市场上现在很多窗帘都有很漂亮的帘头设计，很多心中有个公主梦的女孩子看到这些都喜欢得不得了。但要注意的是，层高太矮的房间其实并不适合太过复杂的帘头，会显得特别臃肿，反而是简单的款式和造型会让屋内显得更明亮和通透。

　　（3）窗帘的质地可根据每个房间的不同功能来确定。比如说卧室就需要遮光和保暖性能很好的厚窗帘，来确保主人的睡眠质量。而客厅的窗帘更注重的是与整体氛围的搭配，其实拉上的机会也并不太多。楼层矮的话可能要考虑到纱帘的遮挡性能。

椰蓉球家主卧窗帘　　　小小唐家客厅窗帘效果　　喜欢 DIY 的，可以用缝纫机自己做，那感觉是相当好啊

（4）不必追求一步到位。很多朋友觉得，装修一次什么都得买好的，窗帘也是。其实如果资金并不那么充足，不如先做一套式样简单、价格便宜的窗帘，等装修过后，花钱地方没那么多了，碰到合适的再置办。另外，窗帘可以在适当的时候多购置几套，在不同的季节或是节日更换一下窗帘，也会使主人的心情变得更加愉快。

椰蓉球

※北京的朋友推荐去南四环大红门南边的"方仕国际"。

总结：

教你一招：把自己装扮成打样的（打样就是一些淘宝小店主事先拿一些样品做展示），外貌上稍微朴素、邋遢一点，手里拿黑色大塑料袋，最主要的是说话不要露怯。

关于布料本身不能多问，要不一张嘴就露馅了，肯定会说外行话的，而且最好是整尺寸，5 米、10 米、15 米地买，千万别 6.3 米、7.2 米地买。

同时弄个相机，在他店里多拍点，说：回去给客户做参考。

先问打样什么价，再问拿货什么价，这样就更像了，一般打样和拿货的价格不同，打样便宜，拿货贵点，但也贵不了多少。

私家建议

（1）窗帘要过水，甲醛溶于水，减少污染。

（2）窗帘杆不到顶，房间显高。

（3）布料不值钱，辅料是陷阱。

铱逦们的美丽
前期准备
采购方式
预算
装修前期
装修中期
装修后期
装修后笔记
后记

5 墙绘及墙贴

钱小白家墙绘实例

最初想到墙绘和墙贴都是因为我家的弧形厨房垭口，因为衔接处有比较明显的痕迹。开始买了些墙贴，因为底面不平的原因，很快就粘不住了，也很难看。

很幸运地请到了一位专业人士——小布丁，我们初步敲定使用海洋风格，除了垭口，在开关等地方也绘些小型的图案。

专业绘制工具

先在周围贴上胶条，防止墙体沾到颜料

开关也是一样，要把周围粘好，大家自己画也是一样

先用铅笔打个稿，好认真

画沙滩

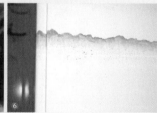
沙滩上的小沙砾，知道怎么弄的吗

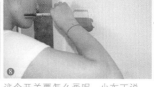
⑦ 独家揭秘，原来是牙刷！偷师学艺

⑧ 这个开关要怎么画呢，小布丁说要画个渐变

渐变画好啦，可不只是这样

⑩ 看看，加上小海浪是不是就生动了许多

⑪ 接着垭口画热气球

⑫ 自己也别闲着，画个小气球

⑬ 刚进门的开关，小布丁给画了热气球，这样和垭口就有个很好的呼应

⑭ 真的好喜欢这个气球，太漂亮了，配上黄色的墙面，真是绝美

⑮ 哑口上长着小翅膀的热气球

⑯ 小帆船也画好了

⑰ 看看效果

⑱ 原来是尼莫，住在大海里的小精灵

⑲ 真是好复杂，这两条鱼画了有两个多钟头，很辛苦，但比贴纸的效果好上百倍，真棒

⑳ 小尼莫表情太鲜活啦

㉑ 整体效果，惊叹不？

6 露台及阳台的布置

知识点私房门
● 做水池的话应切实做好防水

钱小白家露台布置实例

有人说，你有梦想就会实现。我觉得老天总是很恩赐我，想要得到的，梦寐以求的，都在一点点实现。现在又有一个小小的梦想要实现了，装修也是一个实现梦想的过程，我想要的小小花园马上就要呈现在我的眼前，真是开心幸福！

（附）露台费用清单：

露台户外砖：480元

贴砖费用：250元

鱼池：白水泥：15元

　　　白石头：14元

　　　马赛克：60元

　　　水泵：35元

花园踏板三块：45元，运费：35元

锇逦的美丽

前期准备

采购方式

预算

装修前期

装修中期

装修后期

装修后笔记

后记

灯：26元，工费DIY

防腐木栅栏：13根共158元

露台其实是最想好好弄的，因为这个房子唯一让我喜欢的就是这个小小的露台，我是个没有花没有草没有空气就活得不安逸的人，这个露台实现了我的梦想。我先是去网上看看人家的花园都是怎么整的，一看不要紧，这心里痒痒的，好大的露台好大的院子，可以做铁艺的花架，木质的篱笆，美得让人妒嫉。算了，看了一圈，还是现实点，经营好自己家的一亩三分地儿吧。

于是先上网买了三块花园踏板，我希望露台有点特色，只是用瓷砖铺一下好像太对不起自己了。买了广西一个卖家的花园踏板，很便宜，算上邮费也超值，质量也相当不错，非常喜欢。

再看看这个小花园的灯吧，多漂亮，关键是你们猜猜多少钱呢？26元！我在淘宝上淘到的宝贝，常常让我家LD猜价，他总是狠下心猜了个价儿，结果比我买的价儿还高。

花园灯，淘宝买的

露台重新做防水

和水泥

先砌踏步，从室内到露台有一个小落差，需要加一个踏步

铺上了第一块砖

第一块花园踏板

踏板的周围用小石头填上，小石头是在小区外面的工地捡的

一个下午就基本铺好了

接下来开始装饰，打算用马赛克，不过现在玻璃的马赛克好贵，得 180 元 / 平方米。所以还是淘宝选便宜的了，马赛克容易散，散了的商家没办法卖，除非回厂再加工，所以他们愿意便宜处理给你。我买了两种各 1.5 平方米，一共 60 元，最后贴完还剩下好多。

先用砖头垒出一个自己希望的形状

开砌，据说瓦工看见这样的活儿会气死的，呃……

砌完抹好水泥，鱼池的雏形就成了

左：水泥完全干透后，也就是第二天下午，开始做防水，两遍。一遍干透再做一遍

右：这种后面是牛皮纸的，用水泡下就行，也有网的，直接撕

左：开始贴马赛克了，我和老公轮流上阵

右：开始贴底面了，继续坚持，这个时候已经累得腿发麻腰发酸了，但是还是要坚持

左：接下来还没完，开始贴外面的白石，白石头也贴了好久，两个人一起贴，水泥硬了不行，石头按不下去，软了也不行，石头会掉下来

右：太喜欢啦，一个下午的成果，早上起床忍不住先去看了眼鱼池，梦想成真了

知识点和窍门

排除有害植物，剩下的就看个
人的喜好与品位了

装修过程再环保，刚装完的房间也都是不环保的，更何况很难做到装修材料全部环保，所以净化的环节一定要有，用绿色植物应该是个不错的方法。

中国室内装饰协会室内环境监测中心认定了11种花卉有损人体健康，介绍如下：

（1）兰花。其香气会令人过度兴奋进而引起失眠。

（2）紫荆花。人与其花粉接触会诱发哮喘。

（3）含羞草。其体内的含羞草碱会使毛发脱落。

（4）月季花。其散发的浓郁香味会使人感觉憋闷甚至呼吸困难。

（5）百合花。其香味会使人的中枢神经过度兴奋而引发失眠。

（6）夜来香。其夜间散发的刺激嗅觉的微粒会使高血压和心脏病
　　　患者病情加重。

（7）夹竹桃。人与其分泌的乳白色液体接触时间一长会感觉昏昏
　　　欲睡、智力下降。

（8）松柏。其芳香的气味对人体的肠胃有刺激作用，影响食欲。

（9）洋绣球花。其散发的微粒会使人的皮肤过敏而引发瘙痒症。

（10）郁金香。其花多含有毒碱，接触过久会加快毛发脱落。

（11）黄花杜鹃。其花朵中含有一种毒素，一旦误食会引发中
　　　　毒。

此外，以上没有罗列，但是在花卉市场很常见的有毒植物有：

（1）万年青（又名"绿巨人"、"一帆风顺"）。其茎叶含有哑棒酶和草酸钙，触及皮肤会产生奇痒，误尝，还会引起中毒。

（2）水仙花。其花叶和花的汁液接触皮肤后可导致皮肤红肿。

（3）滴水观音。其茎干分泌的液汁接触皮肤后会引发皮肤瘙痒，接触人体伤口后会引起中毒。

绿色植物在净化空气中的奇效：

（1）在24小时照明的条件下，芦荟能够消灭1立方米空气中90%的甲醛，常春藤可以消灭90%的苯，龙舌兰可吞食70%的苯和50%的甲醛，垂挂兰能吸收96%的一氧化碳和86%的甲醛。

（2）绿萝、芦荟、吊兰和虎尾兰可清除甲醛。15平方米的居室，栽两盆虎尾兰或吊兰就可以保持空气清新，不受甲醛之害。

（3）吊兰可以有效吸收二氧化碳，同时能排放出杀毒素，若房间放有足够的吊兰,24小时之内,80%的有害物质会被杀死。

（4）10平方米的房间栽一两盆龟背竹和虎尾兰可以吸收室内80%以上的有害气体。

其实，在现实生活中绿色植物究竟在多大程度上能净化污染的空气，谁也说不太清楚。也许，用绿色植物来达到净化的目的仅仅是理论上可能，实际上会是"杯水车薪"，根本解决不了问题。但退一万步说，家里有点花花草草的起码好看，能美化居室的环境，本来很多事情就是似是而非的，也不必寻根究底。所以，绿色植物买还是要买一些的。

虎皮兰

绿萝

衣柜里的常春藤

晾衣架的选择

知识点和窍门

现在晾衣架的选择很多样，比如地面的支架式、自动升降式，还有传统的顶面固定式等

钱小白家晾衣架实例

家里虽有露台，还是没有定制晾衣架，而是选择活动式的折叠晾衣架。用的时候打开，衣服晾干了就收起来，不仅方便多了，不喜欢收衣服的坏习惯也改了不少。

椰蓉球家晾衣架实例

在建材城买的不锈钢管（一般就是那种卖卫浴架子的摊位），按照量好的尺寸截好，再配了相应的支座让工人给装上，轻轻松松，200 元搞定。

小小唐家晾衣架实例

为了将"收纳"进行到底，在阳台安装了宜家的"安东尼衣架"。很便宜，上下各安了一根横杆，一套下来也没多少钱。

9 电器

使用电器产品还是以实用、环保为第一原则。洗衣机、冰箱、烤箱若都运转正常，就可以继续用，用坏了再买也不迟，不一定非得新房子就什么都要新的，用不着跟自己较这个劲。

椰蓉球

电器可以买各品牌门类里的最基本款，或者说，最便宜款，很多附加的、复杂的、先进的功能，不是不会用，而是用不上，要不就是用用就坏了。比如电视，只要求一个尺寸，因为我们对电视的要求就是看电视，不用接电脑，不用打游戏。

要注意电视的最佳收看距离，一定要根据自己家的客厅大小和实际收看的距离来定尺寸，不要一味贪图大屏幕，不适宜的"大"会产生压迫感，让人疲劳。

欧美计算显示器材的最佳观赏距离、分辨率与屏幕画面高度三者的相关公式是：

最佳观赏距离（厘米）＝ 屏幕高度 ÷ 垂直分辨率 ×3400

买液晶电视的时候一定要挑屏幕（全黑的情况下看白点，全白的情况下看黑点），要注意"坏点"，不能多于 3 个。电视最好还是放在电视柜上，能不上墙就不要上，要不会有很多"线"悬在墙壁上，难看。

专题：乔迁之"累"
——关于搬家那点事

说到搬家，欣喜之余无疑伴随着痛苦——这是一件多么琐碎、繁重、麻烦的事情啊！令人头疼的装修过程都没有让人如此痛苦。

下面这些，有的是搬家过程中的成功经验，有的是事前疏忽、过后想到的，都和大家一起分享。

关于事前准备

最最重要的是要准备包装物。给大家的建议是：多找结实的纸箱，这个是最为实用、方便的包装物。寻找纸箱的渠道可以多多开发：

（1）亲友家、公司、大超市、饭馆，这些地方有可能存在没用的包装纸箱。

（2）新装修的人总要买电器，包装箱可以留下来。这种的好处是免费，坏处是一般的电器包装箱不是太大就是太小，并不都合用——切记包装箱可不是越大越好，太大的话抬不动，容易破。

（3）找收废品的、小卖部等地，有时会有零星纸箱，要付点钱（大致 70 厘米 ×30 厘米 ×50 厘米的约 1 元 1 个）。

（4）淘宝上有卖旧的，不过不太好找，量也不大。

（5）淘宝上有卖新的，最大号的（60 厘米 ×50 厘米 ×40 厘米）

3~5元/个，不建议买，成本太高。

另一种非常实用、廉价的"大包袱皮儿"。旧被单、旧窗帘都可用，大块的包袱皮儿在搬家中更实用，可以包被褥等体积大、重量轻的东西。

还有一种包装物很常见——编织袋，注意买大号的。

除了包装物，搬家前还有必要召集全体家庭成员商量一次，商量好搬家前收拾物品的分工、注意事项、搬家当天的分工（盯车的、盯电梯的、盯搬运的等）。

关于搬家公司

搬家公司是个没有技术含量的行业，门槛很低，大家找起来应该很容易。但是，随便一搜就发现N多投诉的，投诉内容最多的就是"就地涨价"，那么，如何避免这个问题呢？

首先，找相对正规的搬家公司，如有自己网站的公司，或者平时在街上看到跑着的厢式货车车身上写的公司等。

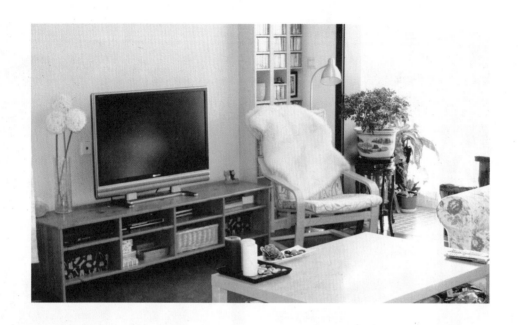

其次，事先详细了解收费标准，通过网站、电话详细了解他们的收费标准。现在通行的价格是：起步价 200~220 元（1.5 吨厢式货车）——但这是一个最基本的费用，里面的猫儿腻还很多。比如，两地路程超过 10 公里要加钱、拆装家具要加钱（拆装柜子每门 40~50元、拆装床 50~120 元）、搬大电器要加钱（每个 100 元左右）、上下楼没有电梯要加钱、搬运时车无法停到门口要加钱，等等。

再次，在电话沟通中详细说明自己家的情况，越详细越好。比如柜子有多大、电视是什么尺寸的、住在几楼、两地间距离有多远，等等。尽量让电话的咨询人员把可能的加价都报给你，避免当天现场加价。

最后，对现场加价的工人"软硬兼施"。现场来的工头和工人，他们的收入主要来自 200 元外的提成，所以，他们必定是要想方设法加钱的。

这种情况，建议大家软硬兼施。一方面，态度强硬，明确说我早就跟你们公司谈好了，你不爱干就走人，打击他的气焰；另一方面，适当让步，毕竟时间耽误不起，换了另一家还是一样。

饿适们的美丽家

前期准备

采购方式

预算

装修前期

装修中期

装修后期

装修后笔记

后记

关于收拾打包

已经居住了几年的房子，收拾起东西来，劳动量是非常惊人的。你会发现很多你已经遗忘了很久的物品——哦，原来在这里啊！

所以，收拾打包的时候，要特别注意。谁家都有点不常用又舍不得扔的破烂，如果打包的时候不管三七二十一，全扔进箱子里就算完事，到了新家后一样要收拾整理，工作量更大，而且极有可能出现顾头不顾尾的情况，要用东西的时候找不着。

（1）分类打包。

（2）不同的物品用不同的包装物：

纸箱——书籍、电线、易碎物品、零碎物品、玩具；

包袱皮儿——体积大重量轻的，比如被褥、棉衣；

编织袋——不怕磕碰的物品，比如衣服、鞋帽、简单玩具；

绳索捆绑——带原包装盒的小电器。

（3）各类包裹切忌过大过沉，否则不好出门，不好搬运，还容易
　　漏破，特别是书籍箱，绝不适宜用过大的纸箱。

（4）包裹上编号、标注。

非常重要，太重要了！！！提醒大家一定要标注。

在打包的时候做这样的事情是举手之劳，但是等到了新家拆包时，这个标注就能大大地帮到你，甚至可以安排搬家公司的人就把这个箱子直接搬放到你指定的房间、地点。

关于家具拆装

买过板式家具的人对拆装家具应该都不陌生了。

这里甚至建议胆大心细的人，不妨自己进行家具拆装，只要解决电钻工具问题，还有大件家具的扶起问题，这是完全可行的。要知道，家具拆装是搬家费用中的大项，省了这笔支出，收益可不小。

装 修 后 笔 记

COMPLETED NOTES

12 最后的决算
——省钱秘籍

椰蓉球：并不昂贵的简欧

我家装修的花费从下表中可以清晰地了解：

	费用	合每建筑面积（平方米）
总费用	17 万元	1133 元
装修费用	8 万元	532 元
家具家电	9 万元	601 元

总花费 17 万元，其中家具家电占了 9 万元（家具确实是贵了些，大约 7 万元。这主要是由于前期预算控制得好，买家具的时候就奢侈了些，全部是全实木的。如果你只想视觉效果好就行，可以选板木结合的，家具的价格可以下来 30%~50%），除此之外的所有（包括窗帘、灯具、装饰，甚至地毯等）共 8 万元。看到这个数字可能很多人第一反应是"好贵啊！"，其实不然。我觉得科学、合理地评价装修费用的方法是通过"每平方米造价"来衡量。以上费用按我家 150 平方米（建筑面积）折算后分别是装修费 532 元 / 平方米和家具家电 601 元 / 平方米，不贵吧？

那么，532 元 / 平方米的装修费用，我都做了什么呢？请看这个总结表，大家可以看到总额是 79000 多元。

举两个实例，可以更直观地感受成本是怎么控制的。

项　目	明　细	说　明	价格（元）	占　比
施工队工费及材料费			20000	25%
瓷　砖	地砖（客厅、餐厅地面）	欧文莱	5400	13%
	墙面砖		4900 （10300）	
木　门		卡卡	10000	13%
地　板		安信	8420	11%
厨房用品	橱柜	佳诺	6800	10%
	厨房水槽及水龙头	摩恩	1000 （7800）	
浴室用品	浴室柜（2个，含配件）	法恩莎	3300	8%
	马桶（2个）	东鹏	500	
	花洒（2个）	摩恩	1500	
	淋浴房（含安装）		950 （6250）	
墙　面	乳胶漆	立邦醛净全效	2300	5%
	壁纸（含工费）	玉兰	1895 （4195）	
灯　具			3000	4%
其　他			9790	12%
合　计			79755	100%

　　"追求美好的装修效果/风格"并不等于高价、奢侈；"有限的预算和控制成本"也不等同于简陋简单。

　　"三条四字"装修真经。

电视背景墙
共1320元
玉兰壁纸 160+60元
镜框线 约400元
菱形镜子 约700元

我们的美丽家园
前期准备
采购方式
预算
装修前期
装修中期
装修后期
装修后笔记
后记

餐厅&小玄关

共475元

圆形石膏
吊顶
50元

铁艺装饰
及挂钟
85+80元

吊灯
含光源
260元

其一：亲力亲为

自己设计、自己监工、自己询价、自己采购、自己安装（能力范围内的）。

例如，背景墙的镜框装饰，当时有了设计想法之后，先后逛了一些建材城，倒是找到了可以定做的带框的菱形镜子，可是价格高，每平方米几百元到上千元，怎么办？最后是自己动手，分别从玻璃店买了镜子、再去同木门厂家接洽定制合适的镜框、再同装修工人讨论决定该怎么安装，这样才有了价美物廉的成果。

总之，用自己的时间和精力，去换取造价的空间。

其二：取舍有度

每个人都要明确自己最想要的，在充分满足这些最主要诉求的前提下，适度摒弃那些次要的。以求降低成本，又能达到最佳效果。

如家用的晾衣杆，三个阳台全都是固定的不锈钢管，没用升降的。实际体会是：物美价廉、经济实用，全部造价不到 200 元。

其三：购物有方

（1）淘宝网

淘宝网是个好地方，可重要的是要学会如何利用。淘宝上的也不都是价美物廉的好东西，使用搜索功能、查看以往评价是必备法宝。

（2）搜狐装修频道

敢于接受网络监督的品牌都是好商家。

上：玄关台，599 元，外加运费 40 元。这家店是收藏很久的了，这个玄关台也看了很久，1500 元，小贵，没出手。后来 7 月份居然赶上店庆优惠，这款做促销 599 元，立马拿下

下：挂钟 80 元，双面的，用料厚实

我们的家
前期准备
采购方式
预算
装修前期
装修中期
装修后期
装修后笔记
后记

2 >> 装修中业主的心态
——快乐秘籍

整个装修过程不可能一帆风顺，小波折总是不定期地出现，挑战你的耐心与信心。不过没关系，凭借着我们对家的美好期待，我们一定能把一个空空的房子变成我们梦想中的家。我们必须接受以下几点：

记得我们永远不能成为真的装修专家

有个同学的装修日记里写过"我们花一年时间学习走路，两年时间学习说话，十几年时间学习知识，四年时间学习工作。可是我们没有时间学习装修"。你花了几十年学习的东西，有的掌握还不那么纯熟，怎么可能在几个月时间内就把装修这潭深水摸清呢？装修过程中涉及的材料有几百种，工艺至少也几十种，我们怎么可能弄得那么明白！所以经常见到一些业主满嘴半懂不懂、半通不通的装修词汇冒充专业人士，我不知道在精明的商家眼里我们是不是显得很傻，但所有这些都没关系，努力做了就行了，也许下一次的装修我们起码会是半个专家。

对工长严一点，对工人好一点

工长（以及装修公司的经理）是生意人（有些工长自己也干活，那就算半个生意人），是商家，和他们没什么客气的，及时全面地监督，把你知道的都跟他忽悠，从网上学几招小窍门去显摆一下（比如什么五点空鼓测法），让他知道咱不是个啥都不懂的。总之，该横的时候就横，该软的时候就软。

工人不同了，他们是靠出卖劳动力换取报酬的。大部分工人还是比较朴实的，当然一般来说文化素质也都不太高。和他们说话态度应温和一些，语言简单明了，毕竟咱的房子是从人家手下变漂亮的。有机会的时候，可以买点饮料、盒饭什么的，就看你们处的怎样了。

砍价狠点，再狠点

这可能和每个人的性格有关，有的业主比较心慈面软，还有点不好意思。其实大家放心好了，不赚钱对方不会卖给你的，有时候再坚持一下，就能省下大笔的银子。

不要自己难为自己

很多业主是年轻人，第一套房子、第一次装修，还有很多是婚房，想精益求精是可以理解的。装修前对新家的各种各样美妙的设想五花八门，在现实面前必须要有所调整和让步。装修有经济的、技术的、工艺的、气候的、环境的等限制。所以，业主不要自己为难自己，设定一个极难达到的目标不是折磨自己吗？比如，现在大家基本都不请设计师，但是看到网上别人完美的新家图片，无形中总是要求自己装出来也要有这个效果，殊不知没有专业美术设计把关，没有花费成千上万的银子买那个水晶灯，没有花几百元钱一坪的价格买那个瓷砖，装出来的肯定不是那个效果。与其这样，不如就降低要求，实事求是地找个适合自己的标准，既解脱了自己，还放松了心情。

集采不是万能的

借用前辈的至理名言"集采为会砍价的人提供价格参考"，确实如此。集采不是万能的，它的作用是为没有时间、没有精力砍价的人提供一个业内的平均价格——不会是最低，也不会是最高。

俄们的美丽家园

前期准备

采购方式

预算

装修前期

装修中期

装修后期

装修后笔记

后记

根本不存在"质优价低"

我们买到的东西，幸运的是"质价相符"，倒霉的是"质次价高"。放心吧，绝没有"质优价低"的便宜让你摊上，所以，也不需要费那个劲去找尾货、边角料、工程单等东西。

生气是用别人的错误惩罚自己

无良商家无疑是存在的，如果业主碰到这样的人，确实是比较倒霉。最可恨的是这些人一副死猪不怕开水烫的无赖嘴脸，胡搅蛮缠，不由人不生气。这种时候，随便气气就算了，赶快想办法了结，然后到网上给曝个光，就 OK 了。真正要紧的是自己的房子，自己的身体，自己的生活。

要货比三家，也要适可而止

花费过多的时间精力去研究装修中可能涉及的几百种材料工艺，我们的生活会变成什么样？而且，关键在于，你研究了半天，最后仍然有可能得出错误结论。所以，要货比三家，但三家就好，当断则断。

预算就是用来超的

觉得自己做了精确预算的人仍难不超预算，因为装修过程中会有一些突发事件、新想法等，还有一个大问题没法回避，就是我们作为非专业人士，不可能将一些工艺价格估算得那么准确，难免有漏项，总价肯定会有所出入。这和前面说的问题相关联，业主不要自己难为自己，如果那个瓷砖实在好看，如果这里确实需要加一个灯，如果真的很喜欢，那就超吧！

这个"快乐秘籍"，基本的宗旨是给各位处于焦躁装修过程中的业主解压的。各位斗志昂扬的业主朋友们，在和 JS 战斗的间隙里，把自己紧张的神经放松一下吧，要知道装修的根本目的不是与人斗，而是让自己的生活更舒适。同时，更要记住，装修只是生活的一小部分，让我们调整心态，真正地享受这个建设自己家园的过程吧。

入住后的感受
——秘籍中的秘籍

椰蓉球

　　入住一段时间后谈谈体会，主要根据实地居住后的感受，针对装修中的一些选择和问题谈谈实际的感想，自我感受非常实用！

　　感受分两个部分：一是感觉成功的；二是感觉失败的，好让大家引以为戒的。

成功的

（1）家居的风格是自己喜欢的，把握得比较准确（也就是说，没有过分华丽，也不过于简单，没有不协调音符），因而住起来舒适、愉快。

（2）装修过程中采用的都是比较环保的东西，再加上四五个月的通风，入住时没有任何异味，也没有不舒服的感觉。

（3）经过结构改造，新增的储物间非常之有用。

（4）客厅、餐厅铺地砖是非常明智的选择。家里有小孩，其淘气程度不可想象，地砖好打理。为了避免过于光滑，或有寒冷感，可选防滑仿古深色砖，效果好。

（5）两个房间打通的大卧室使用起来舒适极了，连同其配套的书房、衣帽间、卫生间，充分保证个人私密生活。强烈建议和老人、孩子同住的夫妇，一定要充分考虑自己的隐私空间，在房屋结构上就为自己设计一个这样的基础。

（6）卧室床头贴壁纸确实是个省事、省钱、出效果的好办法，适合预算有限、追求视觉效果、不喜欢房间过于花哨的人。

（7）家里的水晶灯、枝形吊灯（灯口向上）、多面镜子、镂空屏风等并不像有些人担心的那么难以打理。例如，水晶吊灯，可以站在梯子上把一串串水晶摘下来，泡到水盆里，洗净擦干后再串上去，前后花费用不了20分钟。

（8）沙发使用率高，我花些钱也值得，会很舒服。

（9）简单省钱的固定晾衣架很好用。

（10）所有房间的窗帘都是选用单层的，没要纱帘，至今看起来没有什么问题，因为大部分时候需要遮光、遮温，纱帘单独都是完成不了的。

失败的

（1）墙面电源的失误：水电改造时间仓促，有些决定现在看起来不够明智，应该最好每面墙上都留个插座，如果墙面积较大，就在左右两边各留一个。但是每个留插座的位置，只要留一个就好，不用留一排。例如，电视柜后面，虽然这里是电源集中地，但是也没必要在墙面留一排插座，两三个足矣，因为无论留多少都不够用，还不如直接就用插线板。相反，也不能为了节省在整面墙上都不留一个插座，这样很可能导致临时的需要没法满足。

（2）如条件许可，新砌墙尽量用轻体砖墙，不用轻钢龙骨石膏板墙。

家里衣帽间的墙是用轻钢龙骨石膏板做的，看起来没什么问题，但是敲敲是咚咚地响，听起来不结实，给人不可靠的感觉。原本用这种方法砌墙是为了少占空间，而实际上这种墙也有10厘米左右厚，并不比轻体砖薄多少，而轻体砖墙可就结实多了。

（3）热带雨林的大花洒使用率极低，一是觉得费水，二是感觉出水、关水的反应都比手持花洒慢。到现在为止太阳花洒也就用过2~3次，都是图新鲜用的，99%的时候都用手持花洒。

（4）如果再装修，我也许会考虑地暖——方便、暖和、美观。实木复合地板确实很娇气，孩子不小心掉个玩具就给砸个小坑。

（5）人造石的橱柜台面会有不少细微划痕，虽然也没有在上面直接切东西。反正现在主流台面都是石英石了，应该好一些。

（6）两个洗浴间我都买的九牧深水封地漏，好处是确实一点异味也没有；坏处是，漏水速度非常非常慢。多次找原因，几乎每次用的时候都清理，也不见好。

钱小白：入住两年半有感

入住也两年多了，对家的体会更深了，把这些体会与大家分享一下，希望对大家有所帮助 。

①鞋柜：当初这个鞋柜是用大芯板做的，因为大门朝内开，所以不得不迁就大门做了一个很窄的鞋柜 ，并且是斜着放鞋的。使用后发现问题不少，放稍大点的鞋就感觉柜门受影响，要是靴子就只能横着放了。所以建议大家鞋柜还是尽量选择平放的，尺寸也要把握好，不然到时候放不了鞋，就形同虚设了。

②吊顶上的贝壳：港湾形吊顶上粘了不少小贝壳，很多人问会不会掉下来，还好，两年多都没掉下来。不过要告诉大家的是，我粘的都是很小很轻的贝壳，如果粘太大大个的贝壳，掉下来的可能性很大。

③地板：地板颜色选得有些深了，因为房间光线好，所以地板上有点灰看得很清楚，喜欢干净的人还是选择稍浅的吧，当然太浅也不好，所以这个度还要自己掌握一下。

④橱柜：橱柜经过后期的调整，现在用起来还好，不过就是台面的问题比较明显，已经有了些渗入的污渍，不大好清理。不过人造石下次也许我还会用，只是选个深色的台面就好了。

⑤飘窗：用桑拿板或是集成材是完全没有问题的，正在犹豫要不要用桑拿板的人可以放心了，而且它的造价还不到石材的1/3。

⑥布艺沙发：用了两年多的沙发，这时候才发现海绵真的很重要。海绵当时没选择加硬的，现在经常坐的地方就有些软了，如果实在坐得难受就考虑要换海绵了。

⑦卫生间：水泥台子清洁起来很方便，台上的玻璃盆确实有点不好清洗，不过好在很便宜，有时间去淘个漂亮的陶瓷盆重新装上就可以了。

翱邈们的美丽家丽
前期准备
采购方式
预算
装修前期
装修中期
装修后期
装修后笔记
后记

小小唐：入住两年半有感

下次装修我会把窗套包上，打理起来比较容易。

下次装修我会依然采用海吉布。确实不错，墙面的装饰效果非常理想，显得房间很温馨。防裂的效果卓著。且海吉布有抗静电的特性，不怎么吸附尘土，保洁很容易，就用鸡毛掸子不定期地扫一下就行了。所以墙没有"变黑"，家里跟刚装修好的时候一样新。

深色地板懒人慎用，实木表面容易砸坑。

储藏间改得太值了，小小储藏室，为家居储物立下汗马功劳。

衣柜推拉门、平开门的都不防尘，并没有觉得平开门会防尘效果好。

所有的插座居然都有用，家里一共有53个插座，唯一的一个暂时闲置的就是马桶边上的那个，因为到目前为止，我还没有买智能的坐便圈。

以前常看别人的入住感受说插座留得少了，或者被家具挡住用不了了。我的感觉也是这样，夸张点说，插座这东西，只有嫌少的，没有嫌多的。

抽油烟机侧吸真的比顶吸的要干净。

抽拉水龙头有点用。大单盆的一个小缺点就是边角的地方不好冲水，容易脏。当初刚好是图便宜买套餐套了个抽拉水龙头，本来觉得没什么用，但是实际使用发现，抽拉的可以很方便地冲洗边角的小地方。

风暖的浴霸确实如传说中的那样不理想，身上带着水，就算是热风，吹到身上还是不觉得热。而且由于冷空气重，热空气轻，热空气总是在冷空气的上面，很难形成循环，所以怎么吹脚下都是凉的。

拖布池很实用、很必要。原来没拖布池的时候，搞卫生的脏水和洗脚水等要倒进马桶里，然后还要再冲一下马桶，麻烦又浪费水。有了拖布池，这个问题就解决了。

地漏的坡度很重要，宁可牺牲美观，也要找好坡。

家里有植物真的很好看，但是懒人要买些好养的。

4 下次装修我会……

椰蓉球

下次装修我仍然会自己设计，自己喜欢的就是最好的；

下次装修我会选用石材的窗台和踢脚线，结实美观；

下次装修我会选用更漂亮的瓷砖，不仅仅要耐磨、防滑、实惠，还要漂亮；

下次装修我会给自己设计一个小小的花房；

下次装修我会不再要吸顶灯了，要灯头向下的枝形灯；

下次装修我会留更多的电源插座。

钱小白

下次装修我会换一种装修风格，人生不同的阶段要有不同的体验；

下次装修我会在卫生间和厨房装上背景音乐；

下次装修我会做到中西分厨，把中餐的部分隔出去；

下次装修我会让我的厨房能留出更多更准确的插座；

下次装修我会装饮水机和垃圾处理器；

下次装修我会做一个一面墙的大书架；

下次装修我要使餐厅更独立，如果没有独立的餐厅就通过卡座等其他方式来实现；

下次装修我会做一个干湿分区的卫生间；

下次装修我还会做一个鱼池，但一定要做下水口；

下次装修我会在玄关处做一个柜子，可以挂当天穿的衣服，也可以挂包、放鞋；

下次装修我会好好设计一下我的橱柜，把微波炉和烤箱都做成嵌入式；

下次装修我会做一个步入式的衣帽间；

下次装修我会想办法做一个储物间。

小小唐

下次装修我会自己设计自己的房子；

下次装修我会找专业的水电改造公司改水电；

下次装修我会留很多的插座；

下次装修我会有专门的手机充电站；

下次装修我会有专门的储藏室；

下次装修我会把阳台设计成养花养草的室内小花园；

下次装修我会装内嵌式的烤箱；

下次装修我会卫生间干湿分离；

下次装修我会要双台盆；

下次装修我会强调墙面的质感和装饰感，或者贴海吉布，或者考虑其他的方式；

下次装修我会选择实木复合地板；

下次装修我会在阳台铺地砖；

下次装修我会尽可能地找地方做个地台，我太喜欢地台了；

下次装修我会卧室还要入墙式衣柜；

下次装修我会考虑铺设地暖；

下次装修我会卫生间用合金门。

餓适们的美丽家丽

前期准备

采购方式

预算

装修前期

装修中期

装修后期

装修后笔记

后记

后 记

    小白、小唐和球球，两年前的我们互不相识，在这个大都市内各自"折腾"着自己的人生。机缘如此，在相差不到2个月的时间内，我们都开始装修自己的小窝。凭着对生活的热爱，我们对装修是如此上心、如此痴迷，就这样我们相遇了，装修意外地让我们找到了彼此，成为生命中重要的朋友。

    我们都有点敏感，有点小资。和老公爱着，和爹妈亲着，和朋友玩着。我们觉得生活是如此美好，即使也会凑在一起抱怨龌龊的某人；我们都觉得人生是如此美妙，即使各自也有艰难的关卡；我们都觉得装修是如此好玩，即使那些JS让我们一度抓狂。我们一起学习小唐的坚强，嘲笑球球的敏感，安慰小白的伤感。

    我们，是装友，更是好友。

    这本书的出版，源于某次小白无意中提到的点子，在大家都没当回事时，小唐默默地联系了出版社。历经接近一年的阵痛，在无数次讨论、争执和彻夜不眠的赶稿后，这本小书终于能够付梓。为此我们感到深深的骄傲和自豪。

    这是我们装修的总结，更是我们生活的记录。祝愿你们，所有的读者，都能够像我们一样——也许装修并不完美，却能聆听生活的福音，从中得到意外的惊喜和收获。

小小唐、椰蓉球、钱小白

2011 年 11 月

责任编辑：王欣艳
装帧设计：中文天地
责任印制：冯冬青

图书在版编目（CIP）数据

三美女私家装修日记 / 小小唐，椰蓉球，钱小白著
. --北京：中国旅游出版社，2012.1
ISBN 978-7-5032-4279-3

Ⅰ.①三… Ⅱ.①小… ②椰… ③钱… Ⅲ.①住宅 –
室内装饰设计 Ⅳ.①TU241

中国版本图书馆CIP数据核字（2011）第207313号

书 名：三美女私家装修日记
作 者：小小唐 椰蓉球 钱小白
出版发行：中国旅游出版社
（北京建国门内大街甲9号 邮编：100005）
http://www.cttp.net.cn E-mail:cttp@cnta.gov.cn
发行部电话：010-85166503
排 版：北京中文天地文化艺术有限公司
经 销：全国各地新华书店
印 刷：北京金吉士印刷有限责任公司
版 次：2012年1月第1版 2012年1月第1次印刷
开 本：720毫米×970毫米 1/16
印 张：13.5
字 数：100千
定 价：36.00元
ISBN 978-7-5032-4279-3